建筑学与系统生态学：
环境建筑设计的热力学原理

Architecture and Systems Ecology:
Thermodynamic Principles of Environmental Building
Design, in three parts

［美］威廉·W·布雷厄姆　著
刘甦　郑斐　王月涛　译
赵继龙　校

中国建筑工业出版社

著作权合同登记图字：01-2017-6041号

图书在版编目（CIP）数据

建筑学与系统生态学：环境建筑设计的热力学原理／（美）威
廉·W.布雷厄姆著；刘甦，郑斐，王月涛译．—北京：中国建筑
工业出版社，2020.3（2022.3重印）
书名原文：Architecture and Systems Ecology: Thermodynamic
Principles of Environmental Building Design, in three parts
ISBN 978-7-112-24605-2

Ⅰ.①建… Ⅱ.①威… ②刘… ③郑… ④王… Ⅲ.①建筑设计－
环境设计－研究 Ⅳ.①TU2②TU-856

中国版本图书馆CIP数据核字（2020）第022166号

责任编辑：黄 翊 董苏华
责任校对：张惠雯

建筑学与系统生态学：环境建筑设计的热力学原理
[美] 威廉·W·布雷厄姆 著
刘甦 郑斐 王月涛 译
赵继龙 校
＊
中国建筑工业出版社出版、发行（北京海淀三里河路9号）
各地新华书店、建筑书店经销
北京锋尚制版有限公司制版
北京建筑工业印刷厂印刷
＊
开本：787×1092毫米 1/16 印张：16 字数：210千字
2020年1月第一版 2022年3月第二次印刷
定价：68.00元
ISBN 978－7－112－24605－2
（34904）

版权所有 翻印必究
如有印装质量问题，可寄本社退换
（邮政编码100037）

前言

　　这本书的写作源于10多年前与一个建筑系学生的谈话。当时这位学生问我怎样才能将研究聚焦于环境话题。那次谈话同时也催生了一门为和她一样的专业学位学生设立的生态建筑方面的证书课程（EARC），之后又发展出一门新的关于环境建筑设计的研究生课程（MEBD）。当我在为这些课程做基础准备的时候，我再次发现了曾在20世纪70年代读过的H·T·奥德姆（H. T. Odum）的《环境、能量和社会》，而此书已于2007年更新再版。能量系统语言的图形性对设计者来说似乎是对环境思维的完美引导，但是当我阅读30年后的新版文字时，我意识到在我记忆中的系统图示和净能核算仅仅是揭开了某一更深层次工作的表面。奥德姆关于自组织的思考与那些年已经在建筑系学校里风靡的观点产生了共鸣，但是系统生态学所连接的是比目前让建筑学专业痴迷的新奇形式的产生要深远得多的话题。

　　略显矛盾的是，系统生态学的热力学基础帮助我融合了以下三者：我于20世纪70年代在普林斯顿大学与丹尼尔·纳尔（Daniel Nall）、罗伯特·索克洛（Robert Socolow）、泰德·泰勒（Ted Taylor）、道格·凯尔博（Doug Kelbaugh）及哈里森·弗雷克（Harrison Fraker）一同接受的教育；与约瑟夫·赖克威（Joseph Rykwert）、马尔科·弗拉斯克里（Marco Frascari）、大卫·莱塞巴罗（David Leatherbarrow）及伊万·伊利奇（Ivan Illich）等人一同接受的以人为本的建筑学教育；20世纪90年代早期在宾夕法尼亚大学志同道合的非凡圈子。奥德姆关于自组织的选择原则的大胆主张破坏了工程计算与建筑和文化明显的自主性的简单决定论的根基，迫使它们在探索能在一切形式上增强能量的排列方式的过程中结合在一起。这提供了一个转译建筑性能模拟的社会和文化语境，并且揭示了社会和文化层级的环境基础。

在那些年里有许多的学生和同事帮助我理解将系统生态学应用于建筑的可能方式，对此我感到很幸运。EARC和MEBD的历届学生都将研究继续推进，并继续对这些课程的前提条件提出疑问。他们的许多课题都已经成为本书中的案例或话题。我永远对拉维·斯里尼瓦桑（Ravi Srinivasan）表示感激，他不仅冒险将学位论文建立在这样一个崭新的题目上，而且通过他的努力找到了当代的能值研究者。另外，我要特别感谢奥德姆过去的学生和同事们，是他们继续推进着奥德姆开创的研究，他们提炼技术、扩展研究范围并且解决了各自的新题目：丹尼尔·坎贝尔（Daniel Campbell）、马克·T·布朗（Mark T. Brown）、塞尔焦·乌基尔蒂（Sergio Ulgiati）、大卫·蒂利（David Tilley）以及托马斯·阿贝尔（Thomas Abel）都在本书写作过程中慷慨相助，尽管所有的曲解都产生于我这里。此外，一个将系统生态学和能值核算作为参考点的建筑师团体也正在壮大起来。路易斯·费尔南德兹·加里亚诺（Luis Fernandez-Galiano）是第一批探索热力学应用于建筑学的全部潜能的研究者之一，他在1981年出版了《燃料与记忆》。还有许多同事和参与谈话者作出了贡献：丹尼尔·巴伯（Daniel Barber）、大卫·莱塞巴罗、马克·艾伦·休斯（Mark Alan Hughes）、弗朗卡·特鲁比亚诺（Franca Trubiano）、理查德·韦斯利（Richard Wesley）、云圭·易（Yun Kyu Yi）、阿里·马尔卡维（Ali Malkawi）、丹·威利斯（Dan Willis）、凯文·普拉特（Kevin Pratt）、达娜·库普科娃（Dana Cupkova）、基尔·莫（Kiel Moe）、伊纳吉·阿巴洛斯（Iñaki Ábalos）、雷娜塔·森奇威茨（Renata Sentkiewicz）、迪安·霍克斯（Dean Hawkes）、西蒙斯·亚纳斯（Simos Yannas）、拉尼亚·戈恩（Rania Ghosn）、戴维多尔（David Orr）、薇安·洛夫内斯（Vivian Loftness）、比莉·费尔布赖恩（Billie Faircloth）、克里斯托夫·莱因哈特（Christoph Reinhart）、杰森·麦克伦南（Jason McLennan）、戴维·欧文（David Owen）、斯蒂芬·基兰（Stephen Kieran）、菲利普·斯特德曼（Philip Steadman）、丹尼尔·威廉姆斯（Daniel Williams）和罗布·弗莱明（Rob Fleming）。我必须对阿里克谢·韦格尔（Alex Waegel）作出的准备和核查计算结果的工作表示感谢，还要感谢吉尔·索伦森·库尔茨（Jill Sornson Kurtz）和克里斯·科尔根（Chris Colgan）为本书绘制了图示，沙伊·杰娜（Shai Gerner）、黄毅（Hwang Yi）、卢克·布彻（Luke Butcher）和杰拉·菲冈（Gera Feigon）添加了图片。我的编辑，M·O·科克（M. O. Kirk），连接了许多松散且口语化的线索。

还要感谢我的家人，珀尔塞福涅（Persephone）和休·利安德（Hugh Leander），他们让一切成为可能。

于纽约肖托夸

2014

目录

图1　全玻璃幕墙证实了在20世纪发展起来的材料和调节系统的神奇魔力，它使得我们将城市气候作为当代生活的一种视觉背景来体验

引言

　　现代建筑既是可以更加高效的奢侈的机器，也是受高级燃料的能量威胁的大规模、大城市系统的工具。环境设计的综合方法必须使有效的建筑设计技术与我们所面临的激进的城市和经济重组相协调。在接下来的一个世纪里，我们将带着21世纪大都市的知识、技术和期望回到18世纪城市利用可再生资源的出发点。

　　这本书，《建筑学与系统生态学：环境建筑设计的热力学原理》，认识到这一悄然逼近的设计困境，并运用系统生态学提出的概念探索了三个关键主题——环境，建筑和设计。在下面的章节中，我们回顾了以在生态系统生态学方面的开创性贡献闻名于世的美国生态学家奥德姆（H. T. Odum）提出的能量系统语言，并将其引申到建筑学领域。奥德姆及其合作者将热力学原理从19世纪以更有效的机械为关注点扩展到当代对生态系统弹性自组织的关注（奥德姆，1983）。奥德姆的能量系统语言为建筑中已经得到评价的各种性能——从能源使用到材料选择，甚至是建筑风格的选择提供了一个完整语境。它确立了环境建筑设计应对当前复杂环境应遵循的环境原则的基础。我们主张，当建筑能够帮助塑造、适应并代表新聚居方式时，它将是最为成功的。

　　书中的第一部分介绍了发生在自然环境和建成环境中的自组织现象的热

力学原理。本书的第二部分同时也是中心部分将这些原则分为三个层级——庇护所、场景和场地——以三种互相嵌套的活动尺度解释建筑的性能：建筑作为气候庇护所的热力学特性；建筑作为工作和生活的场景对能量的需求；以及因其在城市和经济生产层级中的位置而产生的能量强化作用。这本书关于设计的第三部分，也是最后一部分，探讨了物质和能量、能耗和效率这些热力学叙事是如何对建筑设计产生影响的。

物质和能量

这一解释是依靠世界上目前出现的最富裕的文明之一的许多优势条件实现的——充足的食物、良好的教育、好的时代以及环境控制良好的建筑。物质财富制约着每一个我们可能为21世纪的环境建筑设计提出的建议。人口的空前增长、能源和材料的"吞吐量"的不断增长以及污染的集聚效应共同催生了对特定的环境设计实践的需求。这种增长的速度几乎颠覆了我们过去曾设想用来指导未来设计的全部导则。至少从人类第一次使用火或搭建避难所开始，几十万年来我们一直为了适应自身的目的而改变环境。人类建造城市的历史已经接近1万年了，编制建筑专著和使用手册的历史也已经达到2000年。但是，我们当前面对的环境形势的严峻程度，对我们明确提出了应对新的生活和工作方式的需要。

尽管这种设计是迫切需要的，但仍不足以使我们想象出更有效率的或以太阳能驱动的建筑。另一方面，尽管先前的居住和建造模式对我们大有教益，我们也不能简单地退回到过去来解决问题。地球上现有超过70亿人口，古老的农业解决方案已经不能适用于如此拥挤的地球，而且对增长的人口来说现存的动量也太大。我们不断地被推向一个陌生的未来，这个未来需要基于我们的现实处境的新生活方式，而不是基于技术上的幻梦或怀旧的欲望。在人口较少的世界中发展形成的策略将不再有效，因为环境效应已成为系统的、全球性的问题。

过去被忽略的当地活动以意料之外的方式相互作用并累积。环境建筑只能被视为可持续的全球性事业的一部分。

现在有太多的环境声明、模拟工具和度量标准，以至于建筑师需要提出一个用于评估它们的语境。我们目前的设计方法在很大程度上是由价值的经济性决定的，而环境贡献和可再生资源都被大打折扣，甚至被认为是免费的。在过去两个世纪的增长中，这是一个非常有效的系统，但它不适用于长期规划或生物圈中的急剧变化。尽管生态学经济学家长期以来一直主张将环境成本内化，并提出了新的生态系统服务核算技术，但环境建筑设计需要一种综合的方法，赋予自然、技术和社会价值同等地位。

这种方法的基本前提是，真正的物质财富取决于实现它所做的功，无论我们考虑的是材料、产品、服务还是信息。市场体系的交换价值为分配稀缺资源提供了强有力的机制，但是以房屋的价格波动为例，这不会改变建造它所需的做功和技能，也不会改变它所能提供的服务。更准确地说，物质财富的基础是能量或完成有用工作的速率。这一主张从根本上讲是热力学的，它既基于能量与不同形式的做功之间的等价性（第一定律），也基于对实际可用功减少量的严格限制（第二定律）。经济价值所需的稀缺性与实际可利用的能源量有关，但仅凭这一冷酷的第二定律无法解释物质和能量同时增大的生态系统或社会的出现。R·巴克明斯特·富勒（R. Buckminster fuller）在《地球号太空船操作手册》中要求"对物质财富的全新协同评估"时提出了这个问题，这需要对自组织本身进行评估（1969）。

协同与关联主义

从18世纪苏格兰启蒙运动的著作，伯纳德·曼德维尔（Bernard Mandevill）

的《蜜蜂的寓言》和亚当·斯密（Adam Smith）的"看不见的手"，到20世纪晚期的控制论和系统论的成熟，我们越来越多地认识到集聚的、累积的行为有其自身的逻辑（Hamowy，1987）。复杂的现象，如天气、生态系统和金融市场，只能被作为随着时间的推移而发生的事件整体地、历史地来理解。富勒对技术官僚规划的潜力完全持乐观态度，但他认识到"世界卷入工业进化"既是当代物质财富的一个原因，也是其产生的一个影响（1969）。换句话说，在遇到它无法克服的极限之前，物质财富是自我延续的。富勒采用"协同效应"这一术语来指"不能通过局部行为预测的整体行为"，特别是用来提醒设计师和规划者，他们的提议可能带来意想不到的后果。

现代的高性能建筑是精密的工业产品，它支持高度专业化的人类活动，在各种维度上证明了协同性自我存续。当代建筑作为一种人工制品，只能存在于一个庞大的基础设施网络中，从电网到交通和信息网络，而这反过来又需要具有一定容量的建筑（和人）。建筑物也是由物质财富差异很大的社会和经济实体委托建造的，这就确立了对许多不同类型、不同规模的建筑物的需求。但是，这些差异化的、高性能的建筑也改变了使用者的期望，上一代人的奢侈品将成为下一代人的必需品。例如，中央供暖是为了节省劳动力和提高生产力而引入的一项创新，但它很快就成为了一项常规服务，现在在寒冷气候地区更是成为法律强制执行的服务。最后，建筑物映射出城市的空间和经济地理，它们所处的位置证实且改变了它们所处土地的价值。

建筑师弗雷德里克·基斯勒（Frederick Kiesler）曾于20世纪30年代与富勒合作，为影响建筑设计的协同作用做了最简单的图示说明（见图2）。基斯勒创造了术语"关联主义"来描述"人类与自然和技术环境之间持续动态相互作用"，并且用图解描述了三种不同环境的交互式共同进化——自然、技术和人类环境（Kiesler, 1939）。他解释说"正如活的有机体是由它们自己的物种从一个漫长的世代链中产生的一样"，技术是通过反复提炼而发展的。生物

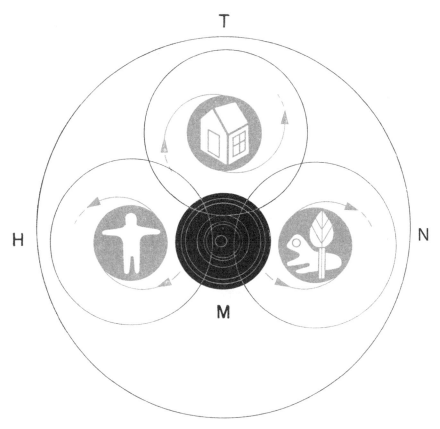

图2　展示了人类（H）、技术（T）和自然（N）环境之间持续进化的现实主义图示
Frederick Kiesler, *Architectural Record*, 1939

的遗传潜能是由其生态系统塑造的，但唯独人类发展出了第三种、技术上的能力，使关于设计的信息从缓慢的遗传适应过程中释放出来。

在《地球号太空船操作手册》中，富勒呼吁建立一个"现实的经济核算体系"，该体系将为人与其技术以及可以转化为物质财富的资源建立共同进化的基础。有了这一呼吁，富勒有效地概述了这本书的任务：确定提出和评估建筑提案所必需的环境核算现实形式的原则，包括建设和使用建筑物所需的各种资源和做功。它还必须说明人类、建筑物和社会在景观环境中共同进化的方式，不仅是理解个体的表现，而且要理解他们在社会和城市自组织中扮演的角色。

玻璃幕墙

让我们从全玻璃幕墙开始，这是一种非凡的建筑形式，当代设计的许多抱负与挑战都围绕着它展开。想象一下世界上几乎任何一座主要城市的公民——芝加哥、迪拜、北京——走进一座全玻璃建筑，登上高处的楼层，站在几乎隐形的屏障面前，正是这屏障将建筑与外界隔开（见图1）。这一边界展示了20世纪发展起来的材料和环境调节系统的魔力，并让我们能够将城市的气候作为当代生活的一种视觉背景来体验。

全玻璃幕墙代表了环境性能标准的一个盲点，基于能源效率，它试图控制墙面上玻璃的面积。尽管玻璃幕墙很奢侈，但它并不真的是一种浪费，而是物质财富的象征。全玻璃幕墙被认为是环境活动家所批评的技术文明的标志之一，但仅从效率角度来看，我们当代的建筑或城市几乎没有意义。如果我们不能理解人们为什么用玻璃建造房屋，我们又怎么能设计出他们所期望的环境建筑或是其他什么类别的建筑？

就像制造、运输和安装这些大型玻璃面板一样，调控那些透明的封闭空间同样需要巨大的能量。玻璃革命伊始，人们对大面积通透效果的兴趣就被它们的成本和可能产生的负面环境效应所抑制。寒冷天气中的热损失、阳光造成的过度得热和过量的眩光，这些问题被19世纪的玻璃业先锋所认识到，19世纪40年代让巴普蒂斯特·乔巴德（Jean-Baptiste Jobard）就已经开始思考如何使玻璃墙"活跃"起来，通过加热（或冷却）玻璃层之间的空气，以降低大面积玻璃墙的负面环境影响（Jobard，1857）。1914年，颇有预见性的《玻璃建筑》的作者保罗·舍尔巴特（Paul Scheerbart）对此提出警告称"对流和辐射加热器不应该放在两个面层之间，因为它们输出的热量将大量损失在室外空气中"（Sharp，1972）。由此展开了一个多世纪关于如何在两面层之间调节空气的实验和争论。主动式玻璃墙体现了能效和能耗之间的紧张关系，以及控制物质成本的需求和完全透明效果的极大吸引力之间的博弈。

近几十年来，建成的主动式玻璃幕墙的数量和种类都越来越多，主动式玻璃幕墙最早出现在北欧，后来在亚洲和美洲发展迅速。根据最简单的定义，主动式玻璃幕墙由"两个由空腔隔开的透明表面组成，该空腔被用作空气通道"（Saelens，2002）。尽管定义具有明显的客观性，但对主动式玻璃幕墙的理解和选择需要依据十分不同的建筑叙事和性能要求。环境设计的复杂性在关于使用主动式玻璃幕墙的持续不断的激烈争论中显而易见。

现代建筑中主动式玻璃幕墙的使用始于1916年勒·柯布西耶的施瓦布别墅，该住宅建于瑞士阿尔卑斯山区的极端环境中。柯布西耶在两层大面积玻璃窗之间插入了加热管道，以减缓它们的变冷过程，并在之后提出了许多变体方案，比如在实心墙体中做同样的处理。他很快就认识到这种简单技术具有的革命性影响，他把这种技术称为中性墙或中和墙（mur neutralisant）。在1927年斯图加特威森霍夫西德隆的雪铁龙住宅中，柯布西耶应用了一个变体方案并这样解释（1991，见图3）：

> 你会问，如果室外温度高于40℃或低于0℃，如何保持房间内的温度不变？答：有中和墙（我们的发明）将室内温度维持在18℃而不受任何外部影响。这种技术可以被应用于玻璃、石头或混合材料的墙体中，由一个有几厘米间距的双层膜组成……一个围绕着建筑的空间，在下面，在墙上，在屋顶阳台上……在膜之间的狭小空间中，如果在莫斯科，则充满灼热的空气；如果在达喀尔，则是冰冷的空气。结果就是，墙体面向室内的表面温度将维持在18℃。这就是你想要的。
>
> ——Le Corbusier, 1991

图3　主动式玻璃幕墙：勒·柯布西耶，两层玻璃之间的供热管道"中和"了墙体，迈森·西特罗昂（Maison Citrohan），斯图加特，1927

©F. L. C. /ADAGP, Paris/Artists Rights Society（ARS），New York

　　这些早期项目的发表激发了众多模仿者的灵感，而勒·柯布西耶甚至在1931年与圣·戈班玻璃公司合作建立了一个配置测试单元。和舍尔巴特（Scheerbart）一样，玻璃公司的专家得出结论，尽管"加热玻璃之间的空气会增加舒适感"，但同时它也会增加能量损失。中和技术旨在管理玻璃建筑，而非提高其能源效率（Banham，1969）。

　　1937年，瑞士裔美国籍建筑师威廉·莱斯凯泽（William Lescaze）为雷达开发商之一阿尔弗雷德·卢米斯（Alfred Loomis）在卡茨基尔（Catskills）建造了一座精致的双层私宅（见图4）。正如莱斯凯兹当时描述的那样，"房子的

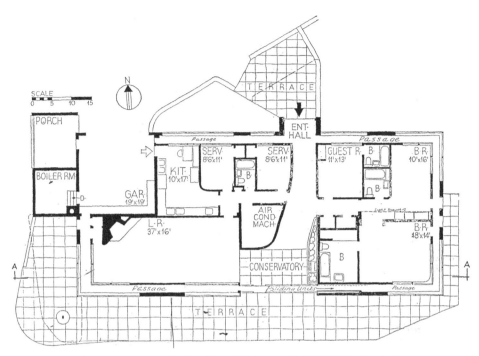

图4　主动式玻璃幕墙：威廉·莱斯凯泽，用于调节气候、控制冷凝的双围护结构构造

基本方案是主人想要用一个新颖的供暖和空调系统进行实验，以接近他在南卡罗来纳州的家的温、湿度条件"（Lescaze，1939）。0.6m宽的空气间层由一个独立于房屋本身的系统进行调节，并且经过调节的缓冲空间允许室内在不使内侧玻璃出现冷凝的情况下保持较高的湿度。事实上，激活的双层墙是一种将内部建筑转移到不同气候条件下的技术。

在20世纪50年代，为了改善大面积玻璃区域在极端气候条件下的热体验，在斯堪的纳维亚研发出了一种整合的机械构造。它被称为排气窗、气帘窗或气候窗。通过将回风管连接到窗户，已经加热的室内空气从双层或三层玻璃的嵌板之间被抽出，使内层玻璃层接近房间的温度，减少了冬季大面积玻璃产生的辐射不适。外层使用隔热玻璃，使效率进一步提高，但正如柯布西耶最初的中性墙一样，它的目的是在寒冷气候下促进更大面积玻璃板的使用。

　　20世纪70年代的能源供应危机将主动式玻璃幕墙的重点转移到减少建筑供暖和制冷所需工作能源上。各种新的和改进的形式被作为太阳能收集器开发出来，从而为建筑提供额外的热量或驱动层之间的空气流动。美国早期的两个例子是尼亚加拉大瀑布的西方化学公司大楼和普林斯顿的保诚能源公司（Rush，1986）。为了捕捉太阳光的增益和控制眩光，西方化学公司大楼采用了位于空气间层中的自动百叶窗系统，而保诚公司则将南侧的空气通道扩展为一个种满树的中庭空间。这两种做法都已经成为当代主动式玻璃幕墙的特有元素，尤其是植树中庭，为流动空气的调节能力增加了空气过滤功能和亲生物性（见图5）。

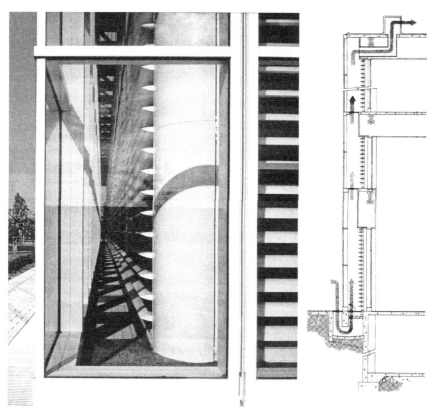

图5　主动式玻璃幕墙：坤龙设计，玻璃层之间通风区域的响应水平遮阳

Occidental Chemical, Niagara Falls, NY，1981

20世纪90年代随着主动式玻璃幕墙在整个北欧激增，设计师们提出了可以根据气候条件改变气流的适应性构造，收集、排出或重新分配所需的热量。其中最著名的建筑物是位于法兰克福的德国商业银行，它也常被称为第一个明确的"绿色"高层建筑（Oldfield等，2009）。多层建筑经过改进的效率以及与机械调节的谨慎整合，被用于为居住者提供对自然通风、日光和绿化设施的个性化控制（见图6）。主动式玻璃幕墙的成熟形式结合了能源效率和用以提高健康和生产力的技术。

现代的活动玻璃组件因其效率而备受赞誉，但是，毫无疑问，这些建筑在整个世纪的发展中已经增加了越来越多的环境服务，从中和的第一阶段到反应灵敏的绿色设备。它们具有更大的降低运营成本的能力，是真正的更

图6 主动式玻璃幕墙：福斯特公司，从植物中庭看向通风可调的双层窗，德国商业银行，法兰克福，1997

Photo：Danijela Weißgraeber

强大的建筑。这种增强的性能是通过更多层的玻璃和铝实现的，同时装配和操作的复杂性也在提高。对其性能更完整的描述必须权衡运营节约与建设成本，而能量系统语言的重要贡献之一就是为这类比较提供通用术语。对诸如更新鲜的空气或提升的舒适度等成就的价值的评估不能仅在操作层面进行，而必须兼顾多重尺度。

主动式玻璃幕墙的连续改进有助于揭示建筑物的许多不同的环境目标——舒适、健康、高效、景观和控制，以及解释这些目标的叙事的重要性。本书的一个基本论点是，这些叙事是热力学的，它们代表了关于真正财富的社会和政治协商，并被转译为关于权力的叙事。当代环境叙事中最普遍的叙事之一是关于效率本身的，而它被当作做一种减少消费的方法。然而，在过去资源丰富、经济增长迅速的200年间，效率在很大程度上是一种增加电力、人口和整体消费的技术。奇怪的是，即便从家庭和公司的预算到生态系统和文明的隐性目标，似乎随处可见提高能量的欲望，经济学家仍称其为"悖论"。

在班纳姆于1965年提出的双层透明气泡的建议中，能量和主动式玻璃幕墙之间的叙事性联系得到了明确体现，双层透明气泡由层间加压气流支撑和调节，使其完全摆脱了不透明的封闭式建筑元素（Banham，1965）。它代表了主动式玻璃幕墙在非物质化为纯能量建筑（见图7）之前的最终改良。在《好脾气环境里的建筑》中，班纳姆追溯了20世纪中叶条件粗糙建筑的"完全控制"的演变史和传统的"结构性"元素——墙壁、窗户、屋顶等向该条件作用下的机动元素进行的平稳变革（1969）。主动式玻璃幕墙体现了这一转变，将玻璃的选择性透明度与气流中不可见的热调节输送相结合。这两者再加上屋顶太阳能板和绿化屋顶，已成为绿色建筑的当代象征，促使环境能量发生改变来降低成本并最大限度地发挥其能量。

20世纪对主动式玻璃幕墙的不断改进说明了建筑物中的自然选择过程，这一过程既依赖有目的的设计，也需要依据无意识的选择和系统的影响而发

环境气泡

因空调输而膨胀的透明塑料气泡穹顶

图7　弗朗索瓦·达莱格特（François Dallegret），环境气泡：因空调输出而膨胀的透明塑料气泡穹顶，表明建筑作为"人类活动的适宜环境"。来自雷纳·班纳姆《家不是房子》，选自《美国艺术》，1965年4月

展。建筑时尚、房地产销售、金融市场甚至天气的周期性变化在多个尺度上运转以引导和约束设计师的创造性。颇具吸引力的是，理清各种阶段和诸如主动式玻璃幕墙的构造中的创新举措，有其瓶颈、突破和巩固，但同样重要的是，要考虑这些幕墙的诞生背后更大的历史事件，齐格弗里德·吉迪昂（Siegfried

Giedion）称之为"匿名历史"（Giedion，1948）。那段历史的一个核心方面涉及巨大的能量采集基础设施，这些基础设施威胁着现代大都市，而现代建筑也正是与这些基础设施共同进化着。一个完全环境角度的解释需要一个对自组织机制的说明，该机制使历史进程匿名，驱动自然进化、生态系统的自然演替以及人类文明的成长。

生态乌托邦

环境建筑设计的构想不能完全忽略理想环境，也就是可持续发展所指向的生态乌托邦。如果没有顶级森林这一诱人的概念，我们就无法理解生态系统，代表性的是欧洲和北美洲的温带森林，以及现在更加复杂的热带雨林。某个特定区域的顶级阶段的概念即"气候演替顶级群落"，是从观察生态群落中出现的物种的自然演替开始的。例如，在火山岩上，火灾后或者当一块农田被遗弃时，植物生长的顺序是可预测且不间断的。凯文·凯利（Kevin Kelly）描述了发生在密歇根州一个"占地100英亩的破旧农场"上的过程：

> 农场土地上首先出现的杂草是一年生开花植物，其次是更坚韧的多年生植物，如马唐和豚草。木本灌木会遮住并抑制花丛，其次是松树，抑制灌木。但是松树的树荫保护着山毛榉和枫树的硬木幼苗，而这些硬木幼苗又持续地排挤着松树。一个世纪后，这片土地几乎完全被一个典型的北方硬木森林占据。

——Kelly，1995

过程的规律性和结果的一致性始终是生态学家们的重要出发点，而其实际机制则成为争论和研究的对象。这块土地的初始状态似乎不太重要，最初物种的序列可能会有不同，但即便如此，其结果仍然是可以预测的。由此形成的森林对一定数量的伐木、耕作和建筑活动也具有明显的弹性：如果你停止修剪潮湿地区的郊区草坪，几年后它就会恢复到森林的状态。梭罗（Thoreau）注意到了这一序列，就像早期的自然学家一样，尽管这个过程的理论直到19世纪90年代芝加哥大学的亨利·考尔斯（Henry Cowles）描述密歇根湖附近裸露沙丘上出现的植被序列（Cowles，1899）时才发展起来。弗雷德里克·克莱门茨（Frederic Clements）随后提出了顶极森林的概念，作为这个过程的目标及其不受干扰情况下的自然状态。克莱门茨将生态演替的阶段与经历"产生、生长、成熟和死亡"的有机个体进行了比较（Clements，1916）。

克莱门茨的思想在20世纪上半叶的大部分时间里占据了这个领域，而且这个概念的吸引力是显而易见的。研究表明，顶极森林包含着一个复杂的相互关系和交换网络：它为丰富的物种提供了食物和栖息地，并实现了几乎完美的物质循环。这是一个多么令人信服的可持续人类文明的模式。从H·A·格利森（H. A. Gleason）开始，对这个概念的批评者们质疑着这个理论的压倒性决定论和超级有机体的隐喻性质。首先，植物演替的机制比引导有机个体发展的基因控制更为开放。生态系统没有种子或基因，它们的组织由更为自由的力量引导。

直到20世纪下半叶，随着控制论和系统论的巩固，才使以更少决定论的方式讨论复杂的自组织系统成为可能。对于在对直接工具因认知背景下成长的这一代科学家来说，系统目标的可能性是难以接受的。以自然选择为基础的进化提供了一个有用的模型，并为解释大量参与者和事件的相互作用产生的特性或行为打开了大门。在《第八天》里，R·N·亚当斯（R. N. Adams）用似乎自相矛盾的术语"最终或选择原因"来描述一种只作为过程目标而存在的协同类型（Adams，1988）。顶级森林使集体生产力的选择目标以及实现自组织所依赖的许多直接和间接机制变得可见。

能量系统语言为理解人类和自然系统的相互作用提供了一个强大工具，并被用来构架本书的各个部分。第一部分建立了系统生态学中出现的三个热力学原理：对最大功率的追求既竞争又合作、能量转换层级的提出以及能量转换脉冲中材料的共循环；第二部分将这些原理应用于三个尺度的建筑用途或活动——庇护所、装置和场地。每一个尺度都呈现出不同的设计性能标准，每一个更大的尺度都约束着次级尺度。例如，建筑能量效率的价值是由在其社会和经济活动中使用建筑的家庭或机构确立的。明确这三个性能尺度有助于区分由建筑物管理的类型迥异的工作，例如调节气候、准备食物或加工信息。

书中的最后一部分考虑了建筑在不同尺度和自组织的匿名过程中包括符号方面的角色。亚当斯把技术与社会表征的交融称为"能量形式"。然而，"能量"一词与水电费和集中燃料的联系是如此紧密，以至于我们采用了"热力学叙事"这一术语来扩大描述范围，从而囊括自然的、工业的和社会的能量渠道。建筑叙事包括全玻璃建筑、生存主义者的休养地和郊区的屋村住宅，每一种都描述了某种在构成文化进化最新阶段的大都市体系中特定类型的生活和工作。叙事有助于确定在追求财富以及任何未来设计的基本的不确定性的过程中提高性能的技术目标。在一个完整的环境建筑设计描述中，热力学叙事将最大化的功率与实现的形式结合起来。

参考文献

Adams, Richard N. 1988. *The Eighth Day: Social Evolution as the Self-Organization of Energy.* Austin, TX: University of Texas Press.

Banham, Reyner. 1965. "A Home is Not a House." *Art in America* 2: 70–79.

Banham, Reyner. 1969. *The Architecture of the Well-Tempered Environment.* Chicago, IL: University of Chicago Press.

Clements, Frederic E. 1916. *Plant Succession—An Analysis of the Development of Vegetation.* Washington, DC: Carnegie Institution of Washington.

Cowles, Henry Chandler. 1899. *The Ecological Relations of the Vegetation on the Sand Dunes of Lake Michigan*. Chicago, IL: University of Chicago Press.

Fuller, R. Buckminster. 1969. *Operating Manual for Spaceship Earth*. Carbondale, IL: Southern Illinois University Press.

Giedion, Siegfried. 1948. *Mechanization Takes Command: A Contribution to Anonymous History*. New York: W. W. Norton.

Hamowy, Ronald. 1987. *The Scottish Enlightenment and the Theory of Spontaneous Order*. Carbondale, IL: Southern Illinois University Press.

Jobard, Jean Baptiste Ambroise Marcellin. 1857. *Les nouvelles inventions aux expositions universelles*. 2 vols. Brussels: E. Flatau.

Kelly, Kevin. 1995. *Out of Control: The New Biology of Machines, Social Systems and the Economic World*. Reading, MA: Perseus Press.

Kiesler, Frederick. 1939. "On Correalism and Biotechnique: A Definition and Test of a New Approach to Building Design." *The Architectural Record* (September): 60–75.

Le Corbusier. 1991. *Precisions on the Present State of Architecture and City Planning: with an American prologue, a Brazilian corollary followed by The Temperature of Paris and the Atmosphere of Moscow*. Cambridge, MA: MIT Press.

Lescaze, William. 1939. "House at Tuxedo Park, NY, William Lescaze, Architect." *The Architectural Review* 86: 36.

Odum, Howard T. 1983. *Systems Ecology: An Introduction*. New York: John Wiley & Sons, Inc.

Oldfield, Philip, Dario Trabucco, & Antony Wood. 2009. "Five Energy Generations of Tall Buildings: An Historical Analysis of Energy Consumption in High-rise Buildings." *Journal of Architecture* 14(5): 591–613.

Rush, Richard D. 1986. *The Building Systems Integration Handbook*. New York: John Wiley & Sons, Inc./American Institute of Architects.

Saelens, Dirk. 2002. "Energy Performance Assessment of Single Storey Multiple-Skin Façades." PhD, Faculteit Toegepaste Wetenschappen, Katholieke Universiteit Leuven.

Sharp, Dennis, Ed. 1972. *Glass Architecture (1914) by Paul Scheerbart and Alpine Architecture (1919) by Bruno Taut*. New York: Praeger.

图1-1　环境自组织的两个尺度等级：气候和城市人居环境，热带风暴艾萨克和美国墨西哥湾附近城市的夜景，摄于2012年8月28日

美国国家航空航天局，由索米核电站卫星发回的可见红外成像辐射器拍摄的照片

第一章

最大功率环境

"适者生存"特指可以在单位时间内最大限度地支配有效能源（功率输出）的形式持久性。

——Odum & Pinkerton, 1955, P332

　　从远古时期稳定的气候带到美国国家航空航天局（NASA）发回的"太空中蓝色星球"照片，这些全球环境和谐的景象让人心安，却不能为身处变化和自组织环境中的当代设计师提供任何信息（见图1–1）。即使是过去1万年内形成的多产农业文明，也应因其过度开垦将全球许多本就贫瘠的地区变成荒漠而备受指责。考虑到我们身处一个多变无常且不断变化着的气候环境中，设计师需要从整体上把握单体建筑行为与环境之间的相互作用的帮助。从本质上来看，构建单体建筑、机构或经济体是为了确定来之不易的稀缺资源的最佳利用方式。与此同时，生物圈却正在消耗来自太阳和地球核心的稳定能源流。正如乔治·巴塔耶（Georges Bataille）所说，因匮乏形成的个体伦理完全不同于源于富足的集体紧急性，但两者可以通过追踪助长它们的动力而联系起来

（Bataille，1988）。

我们说：个体"决定"，而环境"选择"。但是环境只能在由构成整体环境的个体产生或构建的事物中选择。我们所处的环境是由不同物种、生态系统和人类团体长期以来经过多种安排组合而生成的物质结果，每一组成部分都需要不断消耗获得的能量，以实现其特定发展目的。物种之间自然选择的缓慢过程已经被人类的快速适应策略取代，这已经将信息的力量从物种的缓慢基因突变过程中释放出来，从而加速了技术创新的信息循环。此类技术的速度差异正在日益加剧。奥尔多·利奥波德（Aldo Leopold）主张用一种环境方法将这两种适应速度联系起来，即一种基于对较慢生态食物链深入了解的"土地伦理"，快速发展的人类事业已使这种食物链领域化（Leopold，1949）。要对环境进行全面描述须结合部分与整体、快速与慢速伦理，在构成环境的能源、材料和信息的热力学分析中进行。

活态自组织环境的核算

一直以来，建筑行业在努力发展能够指导设计过程，却不会导致负担过重或过于复杂的环境核算形式。除监管法规外，还出现了多种不同方法，它们拓展了评估的形式。例如生态足迹、碳足迹、含能、全生命周期评估（LCA）、从摇篮到摇篮及生态系统服务评价等，都可以提供一些增强方法来获取材料、产品或建筑物对环境的某些影响。得到最广泛认可的建筑环境标准是美国绿色建筑委员会（USGBC）的"能源和环境设计认证"（LEED）程序，这是一个独立的、"激励性"的标准，意在为"建筑业主和运营商提供一个框架，用于识别并实施实用的、可衡量的绿色建筑设计、建设和运维方案。"（USGBC）LEED主要借鉴现有标准，例如美国采暖制冷与空调工程师协会（ASHRAE）制订的《标准能源法》和环保局（EPA）的"能源之星评级系统"，通过分配主观分值来调和能耗、水耗或室内空气污染之间的测量差。

众多的规范和标准，特别是LEED、BREEM、Green Globes等自发评估体系间的纷争，充分显示出环境可持续性综合科学的缺位。LEED做到了务实性，却牺牲了更加综合的评价和更远大的目标。LEED通过提供当代最佳实践清单，增强了市场渗透力，但对培育创新或必要的根本变革贡献甚少。

值得庆幸的是，美国绿色建筑委员会（USGBC）下属国际活态未来机构（ILFI）制订了一个最具抱负和激励性的标准，一个被称为"活态建筑挑战"（LBC）的性能标准，其目标是让建筑像树木和其他植物一样对其生态系统作出生产性贡献。为了实现这一挑战，LBC开发了一个包含至少20项性能要求的标准，它们对其环境目标及对局限性的揭示都颇有教益（LBC，2012）。其中前5项指标与LEED类似，包括场地、水、能源、健康和材料；两个新增项是公平和美，试图将标准向社会和文化方面延伸。总的来说，这7项指标囊括了我们对环境度量标准的几乎所有期许，在每项指标中，LBC都采用当前最具抱负的方式——净零能耗、净零水耗以及禁用材料的"红色名录"。尽管LBC的20项指标雄心勃勃，但对于指标取值间的相互比较、建筑项目总体环境影响的评估以及特定设计的最终优化等方面，却没有提供出客观的方法。

活态未来机构很清楚自己是在通过LBC设定目标，而不是提供一套完整的方法。但缺乏基本的环境取值是目前大多数建筑标准、指标和工具的通病。广义地说，这些度量可以分为两类——客观、还原的，以及具有一定程度主观权重的。美国绿色建筑认证（LEED）标准和活态建筑挑战（LBC）都对能耗量、用水量或含碳量的还原计算结果采用主观评价的方式予以简化，并使用专业判断或现行实践来确定不同标准的相对重要性。

当LBC提出将生命作为设计的一个目标时，它激发了生物类比在设计中的长期使用——从生物工艺、生物技术到仿生学——指明一种通向基于更深入理解建筑的环境地位的生态形式设计之路（Steadman，1979；Mertins，

2004）。它表明LBC是把树木和其他植物，而不是动物，尤其不是捕食者，称作"活态"建筑的范本。植物的不可移动性增强了这种类比；然而，大多数建筑物更像食草动物，而一些高能耗建筑物更像食物链上层的肉食或腐食动物。

类比尽管以有用作为出发点，却不足以去想象人类纪的生态建筑形式。我们需要理解驱动生态系统的运行机制，同样也要理解人类的设计毕竟不同于（只是类似）物种进化或生态系统自组织的方式。20世纪，生物学、生态学和经济学已经为自组织系统的行为发展出新的描述技术，它基于食物、能量、金钱和信息的热力学交换，可以揭示这些系统的组织结构和运行轨迹。

活态系统的热力学

正是由于无处不在，能量才显得混乱和令人困惑。它将对做功的常识性理解与热、㶲、熵、功率和含能等一些精确概念结合在一起。在形式化定义中，能量用"热"在大量不同尺度的活动之间建立等效性，从星体的形成、金属的腐蚀到生物体的"生命力"。这些比较可能会模糊其他原则，例如不同能源的品位、相对效用以及将能量转变为产品、服务和难以测度的能量的秩序形式。每一个概念都有助于阐明环境建筑设计中能源利用或转换效率不足的关键点。为了理顺它们，我们需要从头开始。

当托马斯·萨弗里（Thomas Savery）、托马斯·纽科门（Thomas Newcomen）和詹姆斯·瓦特（James Watt）于17～18世纪发明蒸汽机用于煤矿抽水时，热力学在作坊或矿山真正开始了它的发展。当矿工采尽了更容易到达的表层煤，他们需要蒸汽机到地下水位以下找煤（Galloway，1882）。当然，只有在伐木工人耗尽森林后，挖煤这一侵略性的活动才变得必要。人口和工业的增长曾经借助木材获得了燃料，进而其也渴望其他动力来源。也就是说，燃煤蒸汽机是当时技术能力和可用能源共同发展的最新成果。

为热力学奠基的不是能量守恒的所谓"第一"定律或普遍定律，相反，是"第二"定律最先发展起来，并对蒸汽机将燃煤热量转化为抽水功效作出了解释。萨迪·卡诺（Sadi Carnot）在《关于火的动力的思考》（1824）一书中，首先提出这种功效的数学公式，鲁道夫·克劳修斯（Rudolf Clausius）和赫尔曼·冯·亥姆霍兹（Hermann von Helmholtz）随后给出了解释热力学第二定律的熵的定义。

20年后的19世纪40年代，詹姆斯·普雷斯科特·焦耳（James P. Joule）、尤利乌斯·罗伯特·冯·迈尔（Julius von Mayer）和亥姆霍兹在对能量守恒"第一"定律中的热和功的等价性进行公式处理时，统一了科学领域的大量内容。然而，第二定律才是真正有用的。正如生态学家罗伯特·E·尤兰维奇（Robert E. Ulanowicz）所说，"和所有其他处理耗散系统的学科一样，生态学也没有违反第一定律，它只是没有告诉我们系统是如何运行的，而那才是非常有趣的。"（Ulanowicz，1997，P24）。对于作坊、潮汐河口或人类经济来说，重要的问题是用于做有用功的能量有多少是可用的？它又如何创造了如此错综复杂的系统？第二定律的有趣之处在于它取决于我们希望完成做功的周边条件。用卡诺的术语来说，热力发动机的效率受其紧邻环境温度的制约（温差越大，效率越高）。第二定律还意味着更广泛地描述可获得的做功能力，它存在于燃煤、发动机钢铁材料中，甚至存在于使两者结合在一起的社会安排中。浓缩燃料、提纯金属和正在运行的经济系统等，每一种情况都需要相当多的前期做功投入来确保其可用性，并代表着大量的潜能。

克劳修斯对第二定律的陈述最为简单，即"热量本身并不能从较冷的物体流向较暖的物体"（Clausius & Hirst，1867）。从字面上看，这个定义似乎并不能涵盖所有这些不同的势能。势能的全部意义都来自熵的概念，而熵的概念是量化热量在从较热的物体传递到较冷的物体的过程中损失掉的能量。任何势能的转换，无论是转换为有用功，还是简单地转换为较低温度的热量，都会不可逆地增加熵。如果不做更多的功来重新组合燃烧或在生锈过程中释放的所有能量，就不可能把灰变回煤或者把铁锈变回铁。术语"熵"看起来似乎有悖常理：它描述的是无法做功的能量；使用时，经常会导致歧义或不确定性；并且还从中引申出诸如负熵、秩序和信息这些相反术语，描述在环境中被建立起的做功能力。然而，我们感兴趣的是其能够做功的能力，无论是木材的房屋能力，还是金钱购买食物的能力。

效率局限性：熵和㶲的作用

热力学应用在很大程度上依靠的是效率测量，并已经成为了技术创新的基本工具之一。回顾、审视不同效率用法有助于理解热力学不同原理之间的差异。1798年，拉姆福德伯爵在测量炮镗钻孔时释放的摩擦热时发现了热等效性。作为第一定律的基础，这一理论直到20世纪40年代才被接受，当时焦耳和迈尔各自独立证实了机械功、电、磁、化学反应（燃烧与消化）与热之间相互作用具有同一种（但更精确的）一致性。第一定律最终将能量定义为所有这些相互作用储存的一个抽象量，即热量。因此，第一定律中以热当量表示效率测量，例如机器中燃料的热含量与最终转化做功的热值的比率。

第一定律中的等效所忽略的正是燃料中最初可用功的量，即熵的概念。熵是热力学第二定律的基础，约西亚·威拉德·吉布斯（J. Willard Gibbs）在19世纪70年代用化学势概念来描述热力状态时，对其进行了定义，这样便能量化全部自由或可用能量，并可以用通俗易懂的语言文字更好地描述能量的含义。目前我们通常称这些自由或可用能量为㶲（Rant，1956）。根据第二定律，在任何能量转换过程中，㶲被破坏的同时会增加熵。第二定律中（或㶲）

效率指的是输出功与输入㶲之间的比率，是化工过程和机械能转化更为有效的工具，可以指出实际利用的可用能量。

在建筑性能分析中，㶲分析通常应用于显性能量转换，如燃料燃烧或机械电气设备中电的使用。例如，最近几十年内天然气炉在第一定律中的效率急剧增加，目前燃料热含量传输从65%～80%增长到约97%，但这恰恰表明了第一定律中测量的不足。第二定律中的效率会将该传输与理想热泵的工作性能进行比较，其中该热泵的卡诺定义性能系数（COP）约为7，每消耗一单位电量可以产生7个单位热量。这也就意味着最高效的天然气炉也只能满足理想热泵可传输热量的14%。

能量质量和分析范围

第二定律中效率的计算突显了所用分析边界的重要性。例如，可以在更大范围内使用天然气炉评估，包括燃烧产生电力以驱动热泵工作的燃料，甚至包括炉子建造和运营所需的资源及做功。为了便于理解产品或服务的全部环境成本，必须扩展分析边界，包括产生热量所需的全部输入和影响。生物圈确定了环境分析的最终边界，而每一次范围扩展都会增加计算的复杂性和不确定性，并会引出一个更深层次的话题：能量不同来源的质量。工程实践已经在经济价值的基础上对能源质量进行了区分，将能源成本与即将竣工工程的热力学特性进行匹配。例如，在首批某个太阳能十项全能建筑物中，直射阳光用于自然采光，还能在真空管太阳能集热器中转换成加热和冷却用的热量，并且使用价格更高的光伏板集中太阳光转变为电力以供电动机、灯和电子设备使用（DOE，2007）（图1-2）。

能源的"质量"这一概念非常重要且复杂，可用来弥合单个建筑物和生物圈之间的目标缺口，以及自利效率和整体繁荣之间的鸿沟（Odum，1983a）。燃料或电源的能量质量的常用指标是㶲与含能量之间的比率，表示

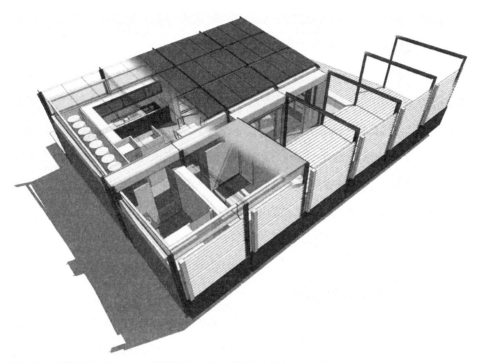

图1-2　太阳光被转变成三个不同质量的能量：穿过窗户的光线、流经垂直太阳能集热器的热水以及光伏电池板产生的电能

太阳能十项全能竞赛，辛辛那提大学，2007

潜在能源的"丰度"，但很少涉及其环境影响的测量或能源未使用材料或服务的价值，如淡水或钢铁。过去的60年中，出现了量化不同材料及服务成本及影响的各种方法，包括含能的计算和全生命周期分析再到能值分析，每种方法都涉及分析范围的扩展。每次边界变化都能增加复杂性，改变价值确定。大体来说，有四个嵌套的方法可以用来确定产品或服务质量，每个方法都有各自发展历程，并对应某个特定的方法领域和信息来源（图1-3）。

对单体建筑或过程的能/㶲流的追踪是涉及面最小的分析范围，通常使用效率测量和消耗规范作为指导。自20世纪70年代的能源供应危机起，供热、制冷、照明、插头负载这些外显式能量消耗就一直主导整个能源领域，不仅

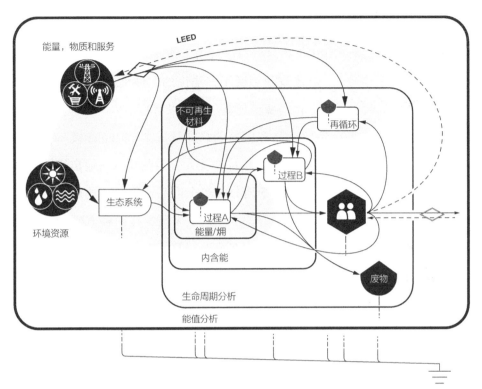

图1-3　伯拉纳卡恩（Buranakarn）之后结合LEED、LBC的通用研究范围评价材料、产品和服务的上游成本的四个分析边界图示

因为它的即时性和成本，也是因为可以容易通过公用事业账单进行跟踪。设计师、研究人员和监管者从一开始就意识到很多"上游"建造过程也间接使用能源。在《建筑与能量》一书（1977）中，理查德·施泰因（Richard Stein）论证了在建筑建造消耗的功和能与建筑运营所用的能量同等重要，施泰因引进了"含能"概念，并将其定义为在建筑准备、运输和组装过程中间接消耗的能量。路易斯·费尔南德兹—伽利亚诺（Luis Fernfindez–Galiano）称之为"建筑物建造之火"（2000）。

含能的计算方法有两种：华西里·列昂惕夫（Wassily Leontief）在20世纪30年代发明的经济学投入—产出（I–O）分析法，以及同一时期的工程师详细阐述的物理过程分析法（列昂惕夫，1966）。在20世纪70年代，伊利诺伊大学高级计算中心（CAC）将这些算法应用于外显式能量研究，并将计算结果称为"能源强度"。描述该中心所用方法论的文件称，"制造、传输和销售所有类型的商品和服务都需要消耗能量，可以将每个生产过程步骤所需的能量相加，最终确定特定商品和服务的总能量成本"（Bullard等，1976，P1）。实际上，CAC分析是通过美国经济中美元流量的输入—输出矩阵计算出各行业的能源强度。为了更详细地分析单个产品或服务，他们还结合能量和物质流物理单位的过程分析方法。理论上来讲，这两种方法的计算结果应该相同，但很少有来源不同的数据可以相符，因此错误和不确定性的风险大量存在。产品和服务的能量强度或含能确定了非燃料物质的能量成本，但是伯拉纳卡恩观察到，这并不包括"过去生产能源或机械所需的间接能源"以及环境成本，因此发明了生命周期评估（LCA）方法（Buranakarn，1998，P9）。

生命周期评估法有多种形式，具有不同的分析边界——从摇篮到大门、从摇篮到坟墓，甚至目前的从摇篮到摇篮。对于建筑材料耗费的做功和资源的追踪，起源于20世纪60年代对商业产品的分析，此后得以顺利地在很多建造业产品中推广。正如美国可再生能源实验室（NREL）认为，"生命周期评估法是一种可以全面、系统分析产品或过程在其整个生命周期对环境及人类健康的影响的方法。"与经济学投入—产出（I-O）分析和过程分析一样，其难点在于如何获得全面、充分的数据为设计提供指导。

2001年，NREL和雅典娜研究所联合发明了美国"生命周期清单"（LCI）路线图，用于跟踪某个过程或产品生产中的每个步骤所涉及的物质和能量流的输入和输出（Deru，2009，P2）。例如，一个纸板箱的生命周期分析可能链接"几十个LCI数据集，研究原材料提取、生产、运输、使用和回收或处理生命周期阶段"。然而，收集数据后，该生命周期分析中的关键在于评估人类及生态影响。"生态指标99"是在荷兰境内制定的"损害导向型"议定书，应用广泛，对三大类影响进行了分类，包括"人类健康、生态系统质量和资源"（美国住房部，2000）。

这些影响为"生态指标值"，在主观评价其将会造成的相对损害的基础上确定其分值，可以比较不同材料、产品或生产方面的全部生命周期影响。该方法不断进行细化，并融入多种软件工具，可以快速给出设计者解释分值，旨在最大限度地减少产品或过程的总资源使用量和生态影响。生命周期评估方法进一步扩大了分析范围和时间的框架，对特定材料和产品的环境成本进行加权比较。但即使是摇篮到摇篮的分析方法也不能包括"在生产'自然资本'投入的环境中做功或处理废弃副产品中的环境服务"。目前学界正致力于建立这些不同"生态系统服务"的经济价值（Buranakarn，1998，P8）。

一般认为，能量消耗、含能计算、生命周期分析、生态系统服务和可持续设计在第一或第二定律中效率测量中隐含的观点是（能源消费的）增长将继续，因此应该最小化其成本和影响。这是自然设计对于单体机器、建筑物或人类机构的要求，对于它们来说，更高的效率意味着更多的可用资源。但其并没有深入了解（能源消费的）增长本身的残酷本质，消耗资源是人类和自然系统的共同特征，大多数情况下，更高的效率反而加快了（能源消费的）增长，而非减少（能源消费的）增长。前言中总结道，环境建筑设计只能在我们巨大的当代财富积累中被理解，正如巴塔耶所说的，这些财富最终必须花费在某些东西上。

生物能量学

一直以来，人们都认为对生物系统本质的理解在于卡诺和达尔文之间进行选择，其分别代表的是熵衰退的明显必然性和更为复杂的生物和生态系统的出现（Fernández-Galiano，2000）。关于熵的哲学辩论似乎将自然科学从生命相关科学中区分开，卡诺和达尔文致力于研究不同的问题：卡诺研究的是近平衡态下运行的设备的效率问题，达尔文研究的则是大型耗散系统中物种进化。热量和做功之间在第一定律中的等效性使能量成为物理学中的一个统一原则，是众多解释生物做功的工具之一。安托万·拉沃伊斯蒂尔（Antoine Lavoistier）研究了动物热量输出和饲料之间的联系（1778），后来迈尔对此进行了量化。这有助于将动物纳入蒸汽机物理学研究中（这个转化过程在第一律中效率的测定约为20%，似乎急需改进）。

当代卡路里计数和运动医学的进步是拓展视野将动物视为一种热力发动机概念的结果，但在第一或第二定律中，效率的测量还没有开始解释更复杂和高生存成本生物的出现。在19世纪70年代路德维希·玻尔兹曼（Ludwig Boltzmann）提出统计热力学时，出现了另一种解释方法。玻尔兹曼利用概率理论对分子"秩序"进行了数学描述，或者真正意义上衡量了它与完全混乱状态之间如何不同。1944年，埃尔温·薛定谔（Erwin Schrodinger）在研究"什么是生命"的猜测中推广了这种统计方法的使用，考虑了遗传物质的控制力，并得出结论："一种有机体在相对较高的有序水平上（相对熵的低水平）保持自身平衡的手段是从其环境中持续地汲取秩序性。"

随后化学家伊利亚·普利高津（Ilya Prigogine）提出了"耗散系统"这一术语，描述动态结构或系统，它们产生和输出熵到周围环境中，以减少自身内部的熵（Prigogine & Stengers，1984）。这是生物和生态系统一个容易识别的特征，有赖于以食物形式存在的低熵资源的稳定流动。

秩序性也是许多无生命过程（如化学钟、龙卷风）的特征。1948年，诺伯特·维纳（Norbert Wiener）在《控制论：关于在动物或机器中控制或通讯的科学》（1948）中着重对生命和非生命系统中的秩序概率进行了描述。同年，克劳德·艾尔伍德·香农（C. E. Shannon）在贝尔实验室信息理论的著作中对秩序进行了数学描述，然而控制论与通信之间的联系最初却限制了其在诸如生态学（1948）等领域中的应用。从做功和效率的热力学到生命和秩序热力学的转变是通向生态形式设计的关键一步。

为理解生命系统进行的能量分析的价值在20世纪变得日益清晰，这一概念始于阿尔弗雷德·洛特卡（Alfred Lotka）在20世纪20年代用热力学术语转译表述达尔文的进化论。洛特卡是一名统计学家、人口学家及生物学家，因提出描述捕食者—猎物动力学关系的数学模型而著名。随着时间的推进，理解被捕食物种（如野兔）和捕食物种（如猞猁）数量之间的相对简单的相互作用有助于解释生态系统行为与个体物种目标之间的不同。随着野兔数量的增加，以它们为食的猞猁的数量也会增加，直至达到某一关键临界阈值。当大量猞猁开始更快地捕杀野兔，且捕杀数量超过其繁殖速度时，野兔数量会迅速下降，随后因为食物供给的崩塌，猞猁数量也将陡降。然而，一旦猞猁的数量下降到一定程度，野兔的数量将再次开始增长，周期开始循环。真实生态系统行为还包括由野兔食用草的生长速度以及其他猎物或捕食者之间的竞争施加的额外限制。但两个物种关联的振荡数量是它们之间相互作用的特征，单独的野兔或猞猁研究都无法进行预测。从单个物种来看，野兔不想被很快吃掉，而猞猁也不想挨饿，但它们在一种"可持续"的振荡关系中是绑在一起的。平衡是通过生长、过度和收缩的循环实现的，也是由野兔食用草的可用能量支撑的。

环境设计争议中提出的最具挑战性问题是：人类是否像其他顶级捕食者一样，总是可以超越可获得资源的限制，或者我们是否能调整、规划以适应资源和污染限制。托马斯·马尔萨斯（Thomas Malthus）对这个问题进行了深入的研究，他在《人口论》（1798）中预测了人类人口数量的一次捕食者—猎物型的收缩，当时增长后人口数量超越了18世纪后期的农业生产力，并在三段论中总结道：

人口数量增长必然受到生存手段的限制，

生存手段增加时，人口数量必定增加，而且，

人口的优越力量被苦难和罪恶抑制，实际人口与生存手段保持相当。

——Malthus，1798

    卡路里能计量食物能量，这种量化形式提高了马尔萨斯的观察精确度，但是他因为多次预测失败而饱受批评，因为自18世纪以来，人口持续地以指数形式增长。他预测的不准确性通常是因为他忽视了将人类与其他种类的生物种群区分开来的技术创新。"丰饶论"的论证指向19世纪和20世纪的农业产出和人口数量的急剧增长，对于人类而言，资源的不断匮乏激发了克服资源限制所需的技术创新的进步。丰饶论的评论忽视了食物和能量之间的等价性及过去200年来农业生产力的增长所达到的程度。农业生产力的增长除了来自技术或基因进步之外，更多地来自燃料应用技术的发展，例如燃料用于生产肥料以及驱动更多强劲的耕种、除草、收获和食品运输。奥德姆曾经观察到：超过60%的现代马铃薯是油（Odum，1970）。因此，虽然马尔萨斯原则上是正确的，但他并不知道可以有效地从煤矿或油田中提取食物，从而延缓人口数量和生存手段限制之间的相遇。从马尔萨斯18世纪预测的失败中得出了系统理论的一个教训：没有简单的限制，只有复杂的转换阈值。

热力学原理的自然选择

    洛特卡的伟大成就是将自然选择确立为热力学的一般原则，为自组织提供了一个目标，并澄清了能量效率的作用。洛特卡的灵感来自玻尔兹曼19世纪80年代的观点："可用能量"是"生命斗争中争夺的基本目标"（Lotka，1922a，P147）。洛特卡指出，迈尔—焦耳（第一定律）和卡诺—克劳修斯

（第二定律）的热力学定律只解释了不可能因素，并没有充分理解系统在规模和复杂性方面的生长趋势。在他看来，获得成功和成长的种群不仅可以有效捕获可用能量，而且可以"适当地进行组构"以增加它们赖以生存的系统的总能量流通量，而后者是关键。这可以通过间接方式实现，譬如，利用其物种废弃物或行为无意地支持其他种群的能量捕获；或者通过直接方式实现，譬如，增加人类农业中种植和收获这一循环。自然选择机制解释了如何在物种之间的相互作用中产生整个系统行为或"目标"，否则它们就只为谋求自身利益活动。

自然选择只是达尔文进化机制的一半内容，另一半是变异的产生。传统观点认为，生物生命中的变异是由遗传密码中的随机突变产生的，"最适者"被其环境选择，这样它们就可以继续繁殖。目前为止，人们已经广泛探讨了自然选择的适应性标准，以及如何选择适用于自然选择的对象等级：是个体、物种，或是生态系统？洛特卡认为：环境选择的原则适用于任何转化可用动力和产生变异的凝聚性系统，从无生命的化学反应到有机生命和人类技术。在这一论证的基础上，将自然选择的目标和人类的环境困境重构成为热力学的一个普遍问题。

正如洛特卡所写的：

> 人类作为竞争性斗争中最为成功的物种，其影响力似乎在于"扩大轮子"并使其"快速旋转"，从而加速了物质在生命周期中的循环。有人提出疑问：在这一方面，人类是否在无意识地实现自然规律？根据这一规律，系统中的某些物理量趋于最大化。现在看来这一论断也是有可能的，同时可以发现目前正在探讨的物理量具有能量维度或者单位时间能量。
>
> ——Lotka，1922a，P149

　　与龙卷风、动物种群和生态系统一样，人类文明是一种自组织形式，且会随着时间的推移不断地选择变化，原因在于这些变化可以最大限度地使用可用能量。这一简单命题需要由多项阐述论证支撑（从有用能量的适当度量到具体的选择机制），但它将环境建筑设计置于正确的规模和文脉背景中：更高效的建筑和部件有益于增强其所处机构和社会的力量。同时，也突显了更深层的挑战，洛特卡称之为"无意识地实现自然法则"。这一概念能够帮助我们更清楚地理解涌现系统的目标吗（如最大功率能否维持人类在生物圈中的健康生产力）？

　　洛特卡最终提出了最大功率的选择可以是热力学的第四定律（第三定律是绝对零度的定义），是"稳定形式的持久性"中的一般原则（Lotka，1922b）。他给这一原则增加了许多特质，其中最重要的是：只有可用资源（物质和能量）充裕时，才能扩大规模、增加能流。洛特卡写道："如果可用资源供应有限，可以以最有效、最经济、采用持续性方式使用此种能量的生物体便会享有优势"。增加能量效率可以最大化功率或竞争稀有资源，这是多种效率解释方法的非常关键的一个特质，例如汽车和建筑物设计。在20世纪（1948～1950，1973～1979，2006～2008）能源价格较高时期，小型、更高效的汽车和建筑物的使用和数量迅速增加，而在能源价格较低时期，提高效率更多地是为了提高发动机功率、增加建筑物尺寸或容量。

　　然而洛特卡定律的实施却是不一致的。事实上，将这一最大功率与卡诺—克劳修斯定律同样称为定律，似乎令人困惑。第二定律解释说：熵含量一直在增加。所有能量转换都涉及浪费，并称没有例外，没有永动机的实例。最大功率原理则给出不同的解释，它描述了过程、物种或系统进化的最终或选择性目标。但是，在选择过程中，如果环境条件在经历许多代变异后仍然可以保持相对稳定，那么许多不能传输最大功率的变异也将继续存在，会取得并维持更多的成功配置。如果条件变化更快，则会改变选择目标，最终保留其他战略。最简单的选择过程的偶然性（如捕食者和猎物之间的相互作用）有助于解释自然生态系统的不断变化，同时多变的生成和替代组合测试是本原则的一部分。

如果资源条件稀少，个体则对于节约和效率具有本能需求，保护可用能量（或熵的最小化）通常是成功物种（或环境建筑设计）的真正目标所在。洛特卡等人指出：当涉及最小化熵时，简单的植物远比大多数哺乳动物或者复杂的植物更有效，因此选择更高效率就意味着应该多种植植物，如藻类植物（Lotka，1922a）。只需环顾四周，我们就会发现随着时间的流逝，那些成功存活下来的往往是那些效率较低但耐力更强、复杂且有层次的动植物组合。这些效率较低的组合极大地增加了可以支撑的个体数量以及生态系统中的资源流动，而这绝不是通过最小化可用能量取得的。分析这种形式的能源交换，可以得出食物链本身可能是生态系统组织的热力学原理。

1942年，雷蒙德·林德曼（Raymond Lindeman）博士在学习期间对明尼苏达州雪松河湖沼（Cedar Creek Bog）植物种群演替进行了研究，发表了一篇名为《生态学中的营养动力论》的短文。他在文章发表不久后就去世了，这篇短文被认为是确立生态系统中能量流价值的一篇经典论文（图1-4）。大约35年后，R. E. Cook评论道："这项工作持续最久的贡献在于它为研究不同营养级之间的相互作用提供了一种共同货币（有机物质或能量流）……从而建立了生态学的理论导向"（Cook，1977，P25）。该文章发表的时候，林德曼还是一名博士后学生，在耶鲁大学湖沼学家G·伊夫林·哈钦森（G. Evelyn Hutchinson）的指导下进行研究工作。哈钦森在文章刚发表后就认识到了它对于比较不同水生系统组织的重要性，但最终却是哈钦森的博士H·T·奥德姆进一步总结了林德曼的方法。

营养—动力方法的基本原理是跟踪生态系统元素之间的能量交换，考虑可用能量的所有交换、存储和转换过程。该原理揭示了我们现在熟悉的将阳

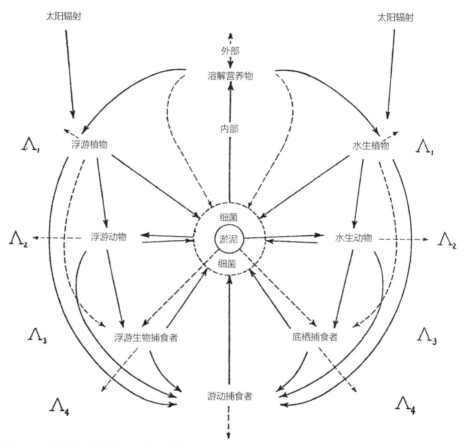

图1-4 "营养动力学观点……强调群落单元中演替过程的营养关系或'能量利用'关系"（P399）
R. Lindeman, *Ecology*, ©1942 Ecological Society of America

光和营养物固定存在于有机分子中的初级生产者、以植物为食的草食动物以及以草食动物为食和彼此为食的高级肉食动物之间的层级安排。此外，能量流动还有助于揭示废弃物循环和不同时空尺度下生态过程相互作用的间接联系。之后的30年中，奥德姆对能量交换应用进行了总结，进一步理解复杂系统组织，并检验、重述了洛特卡的最大功率原理。奥德姆最终将营养网或能量转换层级结构本身确立为开放热力学系统的选择原则（图1-5）。

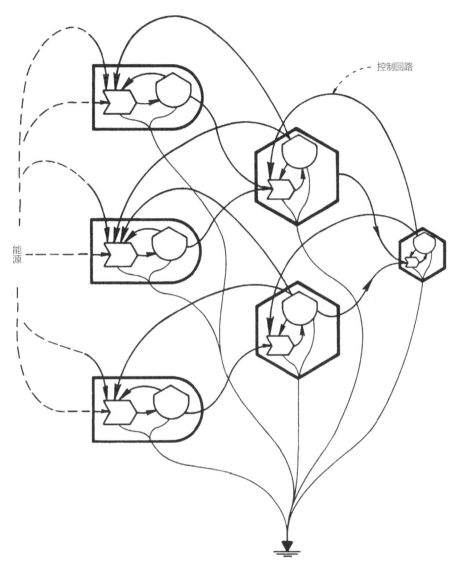

图1-5　"被发现于自组织系统中的聚集能量转换和交互控制回路反馈的一个典型网络"（P17）
　　　　H．T．Odum，*Systems Ecology*，© 1983 John Wiley & Sons

最大功率

奥德姆在洛特卡最大功率原理方面取得的第一个进展是1955年和物理学家平克顿（P.C.Pinkerton）联合研究发表的一篇论文，曾引起极大轰动。在这篇论文中，鉴于第二定律几乎没有提供任何相关指导，奥德姆和平克顿考虑了能量耗散速率（或熵增）的实际受控方式。他们观察到：

> 自然世界的一个生动的现实是，任何生物和人为过程都不能以它们期望的最高效率运行，例如生物有机体、汽油发动机、生态社区、文明和蓄电池充电器。在自然系统中，存在以牺牲效率获得更多功率输出的一般趋势。各种人造机器就反映了人类自身追求能量的斗争。在能源丰富的文化环境中，大多数功率输出的目的是追求规模。
>
> ——Odum & Pinkerton, 1955, P331

奥德姆和平克顿列举了与驱动动力或人口成比例的能源使用率下各种自然和技术的案例，证明最大功率发生在中间效率水平。在可用能量丰富的环境中，效率成为功率的牺牲品；而在资源匮乏环境中，效率优先便成为更为行之有效的策略。他们认为："'适者生存'特指可以在单位时间内最大限度地支配有效能源（功率输出）的形式持久性。"

在描述环境活动家和设计者面对的极度令人沮丧的困境时，很难做到客观中立，上述环境活动家和设计者提倡通过提高效率来解决过度消费这一问题。能源价格较高时，效率是一种对每个人来说都合理的战略，但是资源富裕时，功率的吸引力则明显占据上风。1856年，经济学家威廉姆·斯坦利·杰文斯（William Stanley Jevon）首先观察到，持续增长的煤动力蒸汽机效率，近几十年来非但没有减少，反而增加了煤炭的使用量。在"杰文斯悖论"（也称为"反弹效应")中，由更高效率节省下来的资源会再次用来投资以增加产量。反弹效应自被提出以来便饱受争论，20世纪90年代，经济学家哈里·桑德斯（Harry Saunders）在区分直接和间接效应、通过降低能源价格直接鼓励能源消耗和通过促进经济增长间接鼓励能源消耗时，给杰文斯效应下了一个更清晰的定义，并以两位早期对这一悖论感兴趣的经济学家的名字将其命名为"卡祖姆—布鲁克斯假想"（Saunders，1992）。

经济学家罗伯特·艾尔斯（Robert Ayres）和本杰明·瓦尔（Benjamin Warr）的研究工作巩固了桑德斯关于间接效应的观点。他们的研究工作表明：20世纪美国财富的惊人增长与一次能源消费无关，而是与实际传送的"有用"功有关，这是不断提高转化日益增长的燃料量效率的结果（Ayres & Warr，2009）。目前经济学家和环境学家在反弹机制上面的争论仍然激烈（Ayres & Warr，2008）。大卫·欧文（David Owen）近期的著作《难题：科学革新、效率增长和良好意图是怎样使我们的能源和气候问题变得更糟的》（2012）引发了与20世纪70年代以来建筑节能权威倡导者艾莫里·洛温斯（Amory Lovins）之间的激烈辩论。洛温斯认为：在大部分提高建筑物效率的措施中，都存在资源消耗的自然极限，这就像我们能洗的盘子或衣服的数量是有限的，又好比我们能获得的舒适温度存在上限（Vaughn，2012）。

大部分争论都涉及分析的规模，以及它关注的是单个产品的使用和效率还是更大系统的运行。美国在过去几十年中增加汽车和房屋尺寸时，曾通过更加有效的设计提高效率，而剩下的大部分功劳则属于新型省力和功耗设备（能源使用调查中的"其他"类别）的开发。但其对效率的关注忽视了洛特卡、奥德姆和其他生态学家提供的重要教训：社区和社会的总体目标可能与其成员的目标或信念大不相同。

产品层级和能值

正如洛特卡描述的那样，食物链和其他能量转化层级会增加能量总流量，而这些层级结构存在的事实正是奥德姆在其以后的职业生涯中探索的内容，并将其用作评估复杂、自组织生态系统的工具。而事实上，奥德姆在其职业生涯开始时研究的是天气形成和生态系统中的能量交换，20世纪60年代开始这些技术被应用于人类活动领域。尽管能量统计能够解释系统结构，但他很快认识到：根据第一定律的热等价性跟踪能量，会忽略不同能源及其不同的成本和质量，建筑运营中的一个最简单的例子就是用于加热或烹饪的燃料的内能不同于驱动电动机或电子设备的电力的内能。电能在两种意义上是不同于其他能源的：首先，在其生产和输送过程中使用了更多势能；其次，电能更加清洁、集中，且形式更为灵活。电能通常通过燃烧燃料产生，燃烧过程中转化效率约为35%；而建筑物中每使用一个单位电能，需要发电厂燃烧三个单位的燃料。总体来说，奥德姆的主张是：在成熟系统（例如经过长期生长发展形成的顶级森林）中，特定食物或能源的较高成本将暗示着在生产层级结构中更高的质量和更有价值的角色或作用。

能量质量的差异的应用并不仅局限于诸如煤气或电力这些显能能源，也适用于生态系统中的每一种有用的资源或服务。作为食物的肉比作为食物的植物质量更高，原因是草食动物会消耗更多单位的植物物质卡路里来转换成它们体内每单位肉质卡路里。肉食鱼生存成本甚至更高，因为它们需要猎食在食物链中比自己等级更高的食物。营养网中的大量的较低级的生产者是用来支撑数量较少、质量较高的顶级生物的。尽管这使得捕食者生存成本更高，但能量成本的衡量标准不仅仅只有质量。正如洛特卡的捕食者—猎物动力模型所示，捕食者和其他特殊生物也在生态系统中起到平衡和调节作用。顶级捕食者是生态系统的产物，而不是生态系统的统治者，当生态系统受到威胁时，它们也是首当其冲的。在发展完善的生态系统中，只有少量更高质量能量会用于调节其他层级，并扩大整个系统中可用资源的流动和存储。自然和人类生态系统之间的一个显著差异是，社会角色不是由新物种的演变填充，而是由个人的适应和再培训填补。自从第一个游牧部落成立以来，人类社会的层级化越来越明显，角色和社会组织也越来越专业化。

奥德姆的提议是对洛特卡选择原则的拓展：能量转换层级可以随着时间的推移发展，并取得成功，是因为它们可以将有效功率的流动最大化。如果我们将最大功率原理称为"终极因"或自组织系统的选择目标，那么能量转换层级结构则是一种"形式因"，即系统在存在可用能源条件下的一种演化组织形式。正如林德曼所论证的，可以通过跟踪能量交换链理解、绘制这些层级结构。但奥德姆意识到：可以通过跟踪每个后续层级消耗的累积能量，指示其在生产层级内的价值或质量。随后奥德姆提出"能值"这一术语，用来区分累积耗散能量和在热含量基础上通过第一定律测定的能量值或通过第二定律测定的可用能量（或㶲）值。

能值这一系统概念，是为理解、揭示自然和人类生态系统中随着时间推移而产生的生产层级结构而提出来的。能值这一概念与"能量系统语言"密不可分，奥德姆用"能量系统语言"来理解和解释构成系统的直接和间接的相互作用及系统计算"代数"。他在20世纪50年代开始根据电路图、通用系统理论和杰伊·赖特·福里斯特（Jay W. Forrester）的《工业动力学》（1961）和《世界动力学》（1971）（用于《增长极限》的世界模型，1972）提出图示语言，在20世纪70年代结合追踪蕴含或累积耗散能量原理（Brown，2004）确定了其基本形式。随着他的著作《系统生态学》（1983b）的出版，能量系统语言体系已经完全建立起来。此后十年内，奥德姆稳步细化系统计算规则，并在出版《环境核算》（1996）一书时达到顶峰，在书中阐述了能值"代数"的基本原则。按照能值强度从左到右组织排列能源、能流及能储（原始源和初级生产者在左边，高级消费者和产品在右边），这些图表能充分说明能量质量层级结构。能量系统语言的符号和惯例将贯穿在本书接下来的内容（完整描述信息请参考附录A）。

在奥德姆1986年的原始定义中，"能值是生产某种服务或产品确切需要直接或间接消耗的可用能量"。虽然在准确确定这一复杂性质时存在许多计算方面的挑战，但在核算被标准化为原始太阳能向系统供给燃料时使用"太阳能焦耳"（sej）作为基本单位，为比较不同能源和材料提供了一个有力工具。如前所述，通常耗散能量测量被称为"蕴含能量"（由能值中的"m"引发），然而该术语主要与经济中能量流的输入—输出分析相关联，将环境能量视为"免费的"。因此，奥德姆提出了新术语，描述生物圈内所有可用能量的累积性耗散。能值是一个有力的分析性工具，但容易与术语能量和㶲混淆（特别是在自动校正中）。为了聚焦原则问题，本书在大多数情况下都使用更为繁琐的描述，例如累积性耗散能量、做功和资源的总耗费，或总成本。为精确起见，必须使用术语时，还会在（m）写上括号。

如果已经确定单位能量或物质强度（sej / J，sej / K，sej / $），耗散能量累积量则变成质量指标。单位能值强度为环境质量或效率提供了一个系统性度量标准，可用于指导选择材料和燃料。结合图示语言，可以揭示生产结构层级、依赖性、互连性和相对价值。更高强度的燃料、物质和服务可以在自组织系统中发挥关键的调节作用，或者更高单位强度只是表明过剩产能的非生产性耗散。这种区分取决于涉及的不同种类的做功。

有用功

能量是做功的能力，但在这里有必要回顾下热力学的实际源头——以物理形式做功为基础。瓦特发明的发动机提升了煤炭并抽出了水。焦耳曾探索过将啤酒厂动力由蒸汽转换为电动机的经济性。迈尔对温暖气候中人体的更高食物效能非常感兴趣。关注功的热等效性往往会减少我们对许多其他典型做功活动的关注，例如读书、写作、计数、处理和整理等，这类活动需要很少的体力做功。做功甚至在很多方面的物理度量性较差，但对它们的描述却比较完整，如时间、组织价值，或完成做功所需材料的可用性价值。第二定律解释了环境温度在确定最大转化效率方面的限制作用，但全面描述做功能力还需要评估生产资料、信息及可用性记录的所有限制因素。

如果在错误的位置建造建筑物、需求不当或操作不正确，即使最高效率或具有可再生资源的建设做功可能都是无用的。它的效力与其原始资源效率一样，都是其背景和时机的一个属性。决定建设的时间和地点只需花费相对较少的体力工作，但在正确时间做出正确决策却可以体现出生产力和浪费程度之间的差异。这些做功形式类似于在食物链上层发现的生产层级结构链，伴随着像加热和冷却这些消耗大量低质量能量的活动，支持利于经济的做功和信息的发展。对成功的生态系统中的生产层级结构的探索可以扩展到评估人类工作中的层级结构，但由于现代大都市环境发展形成期如此短暂，我们必须小心行事。我们没有理由认为，目前的配置和资源使用对快速发展以外的任何东西是最理想的。

奥德姆关于生产层级结构形式的论点包含两个方面：一是作为自组织的选择目标；二是作为辅助检测、评估此类层级结构的属性的定义。正如布朗解释的那样，"奥德姆将功重新定义为能量转换，输入能量被转换为'更高质量'的新形式（或能量集中）"（2004，P85）。换句话说，能值是一个系统概念，描述生产层级的做功，使用更大能值强度来测量系统内的质量水平。这使得第四原则再次成为最大能值功率原则，有利于解释为何更为成熟的生态系统的原始功率吞吐量较低，但其更为复杂的相互联系中却涉及更多能量，使其更具竞争优势。然而，能值计算的累积属性使得评估高质量资源的能值强度变得更加困难，因为它们的发展范围及时间跨度较大，尤其是信息资源。

系统中的信息

工具和机器之间的基本区别之一是机器具有反馈能力。热力学从最开始就介绍了信息对于调节有用能量过程的重要性。瓦特蒸汽机的关键部分是机械调速器，用于自动"节流"供给发动机蒸汽，使其速度保持恒定。随后的一个世纪，人们对其进行了许多改进和变化，减少当调速器高于或低于目标速度时产生的振荡，其行为犹如捕食者—捕食系统。速度控制及其围绕目标的振荡都是发动机的操作和配置现象，热力学第一或第二定律都没有对其进行描述。

虽然热力学从一开始就认识到了信息资源的重要性，但直到20世纪才出现描述信息资源的热力学作用的数学工具。詹姆斯·克拉克·麦克斯韦（J. C. Maxwell）在1868年首次探索了动力学数学，为20世纪中叶的控制论和系统理论奠定了基础。1869年，（Willard Gibbs）在耶鲁开展第一个项目时，改进了机械调节器，但没有建立任何系统理论原则，之后很快就提出了其以此闻名的可用能量（吉布斯自由能）。任何进行中的能量转换都需要调节，这可以由其用户或自动反馈设备（如恒温器和节流阀）操作简单工具来实现。

生态学家罗伯特·尤兰维奇观察到，"信息是指给系统带来的秩序和模式影响"（1997，P65）。例如，生物基因中的编码信息涉及的物质和化学势非常少，但对生物系统的发展和行为却能产生巨大影响。薛定谔从这一伟大观察认识到，基因信息具有调节统计学上不可能完成的减少细胞熵的能力，细胞通过从其环境中导入类似食物的低熵资源保持其活力。与做功相似，日常用语中，信息一词涉及许多方面，但在此文脉中，它代表了一种储存势能的高质量形式，通过引导和调节较低质量流来完成有用做功。薛定谔指出，他的观点架构在"自由能"（或能值）术语中更为正确，但由于低熵、秩序和信息之间的联系具有隐喻式吸引力，使得主题一直都是模糊的。

奥德姆指出：玻尔兹曼对熵的统计定义只能用作微观尺度上秩序的一个

有用指数，分子的熵随着温度的升高而增加，而不能用来描述宏观尺度上许多组织的有效性（Odum，2007）。例如，冬天室内温度较高的房子或体内温度较高的哺乳动物的熵含量比温度低的房子或哺乳动物更高，即便它需要大量做功和信息来维持这一温度。基因、建筑物和哺乳动物的组织都在远离热平衡状态条件下运行，并且只能通过完整描述其自身条件维持信息来解释其存在的价值。一部分困惑是统计热力学和信息理论中使用的概率表达（$s=-k \log p$）。熵的热力学表达用玻尔兹曼常数相关联材料分子的平均能量与宏观温度测量，这样就赋予其精确的物理意义（$k=1.38065 \times 10^{-23}$J/°K）。相比之下，信息理论采用比例常数将其与任何物理对应脱离，导致了"位"的完全抽象测量。

尤兰维奇反而采用了一种系统复杂性的统计测量方法作为生态工具，"平均相互信息"，然后使用总物质—能量吞吐量作为比例常数，应用于生态系统（1997）。他将二者相乘，得出一个"优势"指数，这一指数结合了系统总复杂性和能量流。在类似于最大功率原理的命题中，他认为"在没有压倒性外部干扰的情况下，生物系统展示出增加优势的自然趋势"。从生态系统在其发展过程中探索的众多策略中，他主张选择组织来增加能量的总吞吐量（增长）、复杂性（发展），或同时增加这两者。这在概念上与奥德姆的最大能值功率原则一致，信息整理和调节系统能量强度更高，即便已经证明难以对此进行量化。

优势理论是在观察生态演替经验的基础上形成的。与最大能值原则一样，其也被用于描述社会系统的增长和发展。在《复杂社会的崩溃》一书中，人类学家约瑟夫·坦特（Joseph Tainter）使用相关经济概念（开销过度和边际效益下降）来解释国家社会组织中秩序的突然丧失（Tainter，1988）。然而，我们类比诸如生物、技术和社会制度时必须谨慎，需要认识它们之间的差异、评估创造秩序和使用信息的实际机制。复制、维护信息的方法是区别组织生物再生产、生态系统涌现和诸如建筑设计或社会组织的人类事业相关的各种信息的关键方法。编码于基因材料中的信息再生产时保真度非常高，（大多数情况下）遵循精确的重组规则。由于组织生态系统的信息仅存在于其地质和生物要素之间的关系中，因此导致指导生态系统演替的过程不太精确，且每次展开都有所不同，（最终）达到一种功能上类似的排列。如建筑物的文化产品再生产是一个更加开放和混杂的过程，涉及许多类型的复制和变异，相互作用程度各不相同。很多人尝试过利用类比遗传演化（如使用"模因"概念）来解释技术发展，但设计具有很大的不确定性，并且不仅涉及重构和重新解释符号信息，而且还部分地导向特定目标。明确地陈述环境目标本身就是一种调节人工制品再生产的信息形式。

　　建筑物是信息的具体形式，也是集中处理、存储和应用信息的装置。与遗传编码相反，人类社会已经外化了信息的存储和传输，增强了其适应和增长能力。此种意义上，所有形式的技术，从建筑到社会组织，都可以称为信息形式，但该术语可能引起困惑，暗示着材料和能量流的完全抽象。R·N·亚当斯（R. N. Adams）倾向于选择更为通用的术语——能量形式，结合"物质和信息"，包括任何"具有释放能量的潜力，因此在理论上能够做功"的物体（1988，P15）。这种区分有助于澄清信息的本质，用物质形式进行编码，即使物质只是电磁场最细微的变化。其集中性产生的灵活性有助于解释其强大的作用，而抽象性可以隐藏其能量基础。亚当斯认为："理论上来说，人们最感兴趣的是能量形式，主要是因为它们的意义和功能，只是偶尔才包括它们的能量维度。"

　　我们不能直接测量信息。例如，当一本书被烧毁时释放的热量只描述了纸张的热等价性，而不是它所传递的信息，这些信息会毫无痕迹地消散（除非有副本）。信息理论可以用来确定特定通信信道的容量、存储在书中的位数或通过互联网连接的千兆字节流，但不能确定其效果或效用。了解建筑物中信息的关键是其复制和传播的力量。例如一个神话部落的建筑师首先发现了如何建造一个庇护所，他可以继续建造庇护所，只要他活着并且有足够的资源，但他通过帮助别人学习如何建造同时，通过对图纸中的说明进行编码，这一过程得到了加强，通过制作和分发手稿、书籍中的信息副本，以及现在的构建信息模型（BIM），进一步扩大了这一过程。

考虑信息替换成本可以解释信息价值的一部分（Odum，2007）。重新绘制帕拉迪奥（Palladio）圆厅别墅的平面图比获取他的《建筑四书》复印本需要更多的时间和工作。但书籍即使制作再精良，仍然容易腐烂，因此必须维护好书籍材料。信息的惊人之处在于其能以相对低的成本制作许多复制品，而且每个复制品具有与原件相同的容量，能拓展其传播范围并减小折旧率。如果没有《建筑四书》，帕拉迪奥只会是威尼托地区的成功建筑师。第一部书耗费了他大量时间精力，也凸显了先前发展起来的信息的作用。如果没有他的老师的帮助和对该地区的建筑传统的参考，帕拉迪奥是不可能完成他的作品的。

与其他热力学转换一样，信息的潜在价值取决于其历史和背景。如果在17世纪以BIM形式发表帕拉迪奥的作品，将因缺乏信息社会工具而难以产生任何效果。建筑不能完全缩减为用来描述它们的信息，它们的价值取决于应用信息的特定生产等级，包括建筑法规、贸易惯例、工作常规、文化规范以及许多其他类型的信息。人类文明的成功有赖于逐渐完善组合、传播非基因信息于后代，从语言的发明到写作、社会组织的发明和技术发明。信息传播能力强化过程中的每个阶段都扩大了人类的触及范围，但它的动力仍然依赖于我们占据的行星的物质容量及其循环。

物质循环和系统的脉动

奥德姆探索洛特卡最大功率原理时，认为最终的系统概念是复杂系统随着时间的推移循环或脉动的倾向，同时伴随着许多反馈和增强机制相互作用。捕食者和猎物数量、蒸汽机速率或使用家用恒温器调节的温度，都表明了系统围绕目标状态典型地上下振荡。系统还可以通过可识别的发展阶段进行演替，如个体生物生命周期或未开垦土地上的物种的传承。此类循环是生态系统描述较多的方面。C·S·霍林（C. S. Holling）在其20世纪80年代首次出版的《适应性循环》中已经开始举例说明这一原则，表明生态系统运动经历"开发、保存、释放和更新"四个特有阶段（1992，图1-6）。他在1973年发表的《弹性和稳定》中首次提出这一公式化表达，在文中他运用非线性动力学数学来理解当循环度过适应阶段时成功生态系统的弹性。弹性概念不仅解释了生态系统抵御野火和虫灾等事件的能力，而且将此类事件视为自组织系统必需的一部分。

弹性原则越来越多地被用作可持续发展目标，将顶级森林的稳定状态转换为一个增长、崩溃和更新的动态过程。霍林的适应性循环研究举例说明了

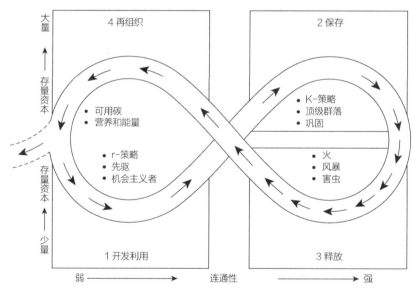

图1-6 "生态系统的四个功能和它们之间的事件流"

C.S. Holling *Ecological Monographs*, ©1992 Ecological Society of America

从物种或种群生态学向整个群落和生态系统行为的思维转变。他用图表展示了生态系统储存的资本与其连通性之间的平衡交换，将投入于生物量增长的做功与投入于组织生态系统循环阶段的做功区别开。尤兰维奇利用"平均相互信息"统计测量方法评估结构组织水平，在20世纪90年代提高了适应性循环的精确度。这一适应性循环版本使得"释放"、生长和发展的三个阶段与运行所需能量之间的不对称性变得更为明显（图1-7）。

许多人受此启发，利用循环的四个阶段来描述各种社会和商业循环中的适应性行为，从个人成长到股市分析，常识的吸引力显而易见。原则上，只要有可用能量供给，且系统不另外承受超出其适应能力的压力，释放和再生就会继续循环。连续循环的感召力再次揭示了系统战略与再生过程中被释放或摧毁的个体利益之间的紧张关系。巴塔耶观察到："利益一词本身就与这些条件下的利害关系相矛盾"，他用它来意指耗散累积资源的"压力"（1988，

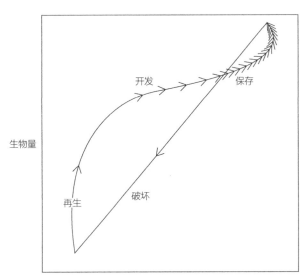

图1-7 "霍林图示的对立假想，通过建立系统的生物量和流动结构中的内在交互信息的对应关系获得"（P90）

From R. E. Ulanowicz, *Ecology: The Ascendent Perspective*. Copyright © 1997 Columbia University Press. Reprinted with permission of the publisher

P30）。第二定律贬值的压力被日益复杂的组织所抵消，这些组织也能增加能量的流动和可用能量的消耗。

奥德姆认为，释放和再生循环是能量流的另一种最大化策略，可以通过研究适应脉冲周期内的物质运动和浓度来理解。在森林大火的经典例子中，生物量中的可用能量被快速氧化，转化为热量并消散于大气中。不容置疑，之前建造、组织树木、森林和栖息地（其秩序或信息内容）的能量也消散了。森林能量和信息编码存在于其物质排列组合、有机分子中的可用能量及森林和动物种群的组织之中。根据火灾的严重程度，森林将通过种子、存活下来的树木、动物和土壤微生物群落中的编码信息完成重新排序。随后，可用环境资源流——阳光、雨水和营养物质——被用于回收降解材料，并重组森林。

研究表明：尽管许多亚高山带森林的自然火灾周期更长，高山森林的防火工作也只不过延迟了不可避免的火灾，反而增加了火灾破坏强度，使再生过程更为缓慢（Schoennagel等，2004）。与火灾的频率和严重程度相对应的是，在森林、物种的结构性组合及地方气候模式中建立起来的生物量（燃料量）。用巴塔耶的话说就是，当可用资源过剩和增长速度放缓时，"过剩能量（财富）……必然会失去，且不会产生任何利润；无论你是否愿意，它必须被光荣地或灾难性地花费掉"。（Bataille，1988，P21）。奥德姆开始从此类循环中认识到这一原则后，首先建立了累积燃料量、循环周期和释放强度之间的关系，随后通过纳入最初用于组装森林生态系统所花费的总工作量和资源对其进行扩展。

换句话说，能量和物质循环是密不可分的，在自组织系统中，物质将按照追踪能量转换层级结构的浓度和强度层级被组织起来。可以通过追踪单一材料（例如铁）的浓度，对此进行更加明确的说明。地球生物圈中的大部分铁本底浓度弥散，但是地质和生物循环消耗的能量将少量的铁聚集在更浓缩的混合物中，即我们所说的矿石，而开采并进一步集中矿石资源需要耗费更多能源和做功。随着浓度的每次增加，更多的能量需要被投入进来，同时一些物质浓度会变高，并产生更高浓度和能值的物质的层级结构。

综述这一原则时，奥德姆将物质能值强度的谱系与"质量流、（物质）浓度、生产过程和脉动循环的频率"联系起来（Odum，2002）。他认为，无论这构成了自组织系统的第六个原则还是能量层级结构第五原则的一项推论，本书都将把这一项单独列出，因为能量和物质强度等级之间的区别非常有助于描述建筑物。建筑物中物质和燃料的相互作用及城市中心与低强度土地使用之间的相互作用，都可以通过物质浓度来检测。第六原则明确地将物质和空间活动与能量转化等级和最大功率选择联系在一起，这表明动态循环通过可用能量脉动来塑造和集中物质结构，这转而有助于进一步增强能量流。

作为弹性系统，顶级森林可以持续为环境设计提供一个强有力的模型，特别是由能量转换（食物链）的分层级联完成的几乎完美的物质再循环。随着时间的推移，系统会倾向于这种生产性层级结构以使其能量达到最大化，无论其是否曾经达到这一完美状态。同时还必须向后追溯此类系统的发展或出现。生态系统和文明是在过去残量的基础上建立起来的，从根本意义上来说，设计属于热力学，用费尔南德兹—伽利亚诺的话来说就是，它将"火和记忆"联系起来（2000）。每一建筑物和项目都是对既存历史条件的改造，人们使用一定数量的现存能量重新整理场地情况、输出废弃物（熵）并积累财富。环境建筑设计始于当前环境的历史、偶然条件，规划了一个潜力无穷的未来。

建成环境中的系统原则

物质浓度循环理论完成了奥德姆在洛特卡原创命题基础上提出的热动力系统概念三部曲。总之，热力学有三条经典定律：

1. 以热当量测量的能量守恒迈尔—焦耳（Mayer–Joule）原理。

2. 任何能量转换或做功过程中熵增加或可用能量损失的卡诺—克劳修斯（Carnot–Clausius）原理。

3. 完美晶体的熵的绝对零度温度为零原理。

此外，奥德姆还提出了三条系统原则，来补充这三条经典定律：

4. 洛特卡—奥德姆（Lotka–Odum）最大功率原理，自组织系统随时间发展的趋向选择该最大功率。

5. 林德曼—奥杜姆（Lindeman–Odum）能量转换层级结构原理，一段时间后开始实现最大功率。

6. 物质浓度层级原理，与能量转换等级密切相关，在不同时空维度上脉动、循环，实现最大功率。

自组织

最大功率、生产层级结构和可再生物质循环原理使更高效的建筑设计在其社会和环境中成为可能。对环境的提问从稀缺个体的效率目标转移到了整个生态系统所寻求的生产力，这一变化改变了建筑设计的本质。能量系统语言和能值核算方法是奥德姆提出的检测自组织系统结构的技术。下一章中作者使用这些技术帮助理解建筑物起因于和推动热力学自组织的方式。系统生态学的真正成果是：辨别建成环境在不同活动者活动下发展过程中的行为，包括建筑类型和风格的历史演变、特定材料和建造方法的市场偏好以及房地产动态，其中每一个因素都指导、限制和塑造着实际建设的建筑物。

参考文献

Adams, Richard N. 1988. *The Eighth Day: Social Evolution as the Self-Organization of Energy.* Austin, TX: University of Texas Press.

Ayres, Robert U., & Benjamin Warr. 2008. "Energy Efficiency and Economic Growth: The 'Rebound Effect' as a Driver." In *Energy Efficiency and Sustainable Consumption: The Rebound Effect*, edited by Horace Herring and Steve Sorrell. Basingstoke: Palgrave.

Ayres, Robert U., & Benjamin Warr. 2009. *The Economic Growth Engine: How Energy and Work Drive Material Prosperity*. Cheltenham: Edward Elgar.

Bataille, Georges. 1988. *The Accursed Share: An Essay on General Economy*. New York: Zone Books.

Brown, Mark T. 2004. "A Picture is Worht a Thousand Words: Energy Systems Language and Simulation." *Ecological Modelling* 178: 83–100.

Bullard, Clark W., Peter S. Penner, and David A. Pilati. 1976. *Net Energy Analysis: Handbook for Combining Process and Input–Output Analysis*. Urbana, IL: Energy Research Group, Center for Advanced Computation, University of Illinois at Urbana-Champaign.

Buranakarn, Vorasun. 1998. "Evaluation of Recycling and Reuse of Building Materials Using the Emergy Analysis Method." PhD, University of Florida.

Carnot, Sadi. 1824. *Réflexions sur la puissance motrice du feu et sur les machines propres à développer cette puissance*. Paris: Bachelier. Microform.

Clausius, R., & Thomas Archer Hirst. 1867. *The Mechanical Theory of Heat with its Applications to the Steam-engine and to the Physical Properties of Bodies*. London: J. van Voorst. Microform.

Cook, Robert E. 1977. "Raymond Lindeman and the Trophic–Dynamic Concept in Ecology." *Science* 198(4312): 22–26.

Deru, Michael. 2009. "U.S. Life Cycle Inventory Database Roadmap." US Department of Energy/National Renewable Energy Laboratory, Washington, DC.

DOE. 2007. *Solar Decathlon 2007*. http://www.solardecathlon.gov/past/2007/team_cincinnati.html.

Fernández-Galiano, Luis. 2000. *Fire and Memory: On Architecture and Energy*. Cambridge, MA: MIT Press.

Forrester, Jay Wright. 1961. *Industrial Dynamics*. Cambridge, MA: MIT Press.

Forrester, Jay Wright. 1971. *World Dynamics*. Cambridge, MA: Wright-Allen Press.

Galloway, Robert Lindsay. 1882. *A History of Coal Mining in Great Britain*. London: Macmillan.

Holling, C. S. 1973. "Resilience and Stability of Ecological Systems." *Annual*

Review of Ecology and Systematics 4: 1–23.

Holling, C. S. 1992. "Cross-Scale Morphology, Geometry, and Dynamics of Ecosystems." *Ecological Monographs* 62(4): 447–502.

Jevons, William Stanley. 1866. *The Coal Question*, 2nd ed. London: Macmillan.

LBC. 2012. "Living Building Challenge 2.1: A Visionary Path to a Restorative Future." Seattle, WA: International Living Future Institute.

Leontief, Wassily. 1966. *Input–Output Economics*. New York: Oxford University Press.

Leopold, Aldo. 1949. *A Sand County Almanac, and Sketches Here and There*. New York: Oxford University Press.

Lindeman, Raymond L. 1942. "The Trophic–Dynamic Aspect of Ecology." *Ecology* 23(4): 399–417.

Lotka, Alfred J. 1922a. "Contribution to the Energetics of Evolution." *Proceedings of the National Academy of Sciences of the United States* 8: 147–151.

Lotka, Alfred J. 1922b. "Natural Selection as a Physical Principle." *Proceedings of the National Academy of Sciences of the United States* 8: 151–154.

Malthus, T. R. 1798. *An Essay on the Principle of Population as it Affects the Future Improvement of Society, with Remarks on the Speculations of Mr. Godwin, M. Condorcet and Other Writers.* London: J. Johnson.

Meadows, Donella H., H. Randers, Jorgen, Dennis L. Meadows, & William W. Behrens III. 1972. *The Limits to Growth: A Report for the Club of Rome's Project on the Predicament of Mankind.* New York: Universe Books.

Mertins, Detlef. 2004. "Bioconstructivisms." *NOX: Machining Architecture*, edited by Lars Spuybroek. London: Thames & Hudson.

Ministry of Housing, Spatial Planning and the Environment. 2000. *Eco Indicator 99 Manual for Designers: A Damage-oriented Method for Life Cycle Assessment.* The Hague, Netherlands.

Odum, Howard T. 1970. *Environment, Power, and Society.* New York: John Wiley & Sons-Interscience.

Odum, Howard T. 1983a. "Maximum Power and Efficiency: A Rebuttal." *Ecological Modelling* 20: 71–82.

Odum, Howard T. 1983b. *Systems Ecology: An Introduction.* New York: John Wiley & Sons, Inc.

Odum, Howard T. 1986. "Emergy in Ecosystems." In *Ecosystem Theory and Application*, edited by N. Polunin. New York: John Wiley & Sons.

Odum, Howard T. 1996. *Environmental Accounting: EMERGY and Environmental Decision Making.* New York: John Wiley & Sons, Inc.

Odum, Howard T. 2002. "Construction Ecology: Nature as a Basis for Green Buildings." In *Construction Ecology*, edited by C. J. Kibert. London and New York: Spon Press.

Odum, Howard T. 2007. *Environment, Power, and Society for the Twenty-First Century: The Hierarchy of Energy*. New York: Columbia University Press.

Odum, Howard T., & R. C. Pinkerton. 1955. "Time's Speed Regulator: The Optimum Efficiency for Maximum Output in Physical and Biological Systems." *American Scientist* 43: 331–343.

Owen, David. 2012. *The Conundrum: How Scientific Innovation, Increased Efficiency, and Good Intentions Can Make Our Energy and Climate Problems Worse*. New York: Riverhead Books.

Prigogine, Ilya, & Isabelle Stengers. 1984. *Order out of Chaos: Man's New Dialogue with Nature*. New York: Bantam New Age Books.

Rant, Zoran. 1956. "Exergie, Ein neues Wort für 'technische Arbeitsfähigkeit." *Forschung auf dem Gebiete des Ingenieurswesens* 22: 36–37.

Saunders, Harry D. 1992. "The Khazzoom-Brookes Postulate and Neoclassical Growth." *Energy Journal* 13(4): 131–148.

Schoennagel, Tania, Thomas T. Velblen, & William H. Romme. 2004. "The Interaction of Fire, Fuels, and Climate across Rocky Mountain Forests." *BioScience* 54(7): 661–676.

Shannon, Claude E. 1948. "A Mathematical Theory of Communication." *Bell System Technical Journal* 27 (July, October): 379–423, 623–656.

Steadman, Philip. 1979. *The Evolution of Designs: Biological Analogy in Architecture and the Applied Arts*. Cambridge Urban and Architectural Sudies. New York: Cambridge University Press.

Stein, Richard G. 1977. *Architecture and Energy*. New York: Anchor Press/Doubleday.

Tainter, Joseph A. 1988. *The Collapse of Complex Societies, New Studies in Archaeology*. Cambridge and New York: Cambridge University Press.

Ulanowicz, Robert E. 1997. *Ecology: The Ascendent Perspective*. New York: Columbia University Press.

USGBC. http://new.usgbc.org/leed.

Vaughn, Kelly. 2012. "Jevon's Paradox: The Debate That Just Won't Die." *RMI Outlet, Plug into New Ideas*, March 20. http://blog.rmi.org/blog_Jevons_Paradox.

Wiener, Norbert. 1948. *Cybernetics or Control and Communication in the Animal and the Machine*. Cambridge, MA: MIT Press; 2nd ed., 1961.

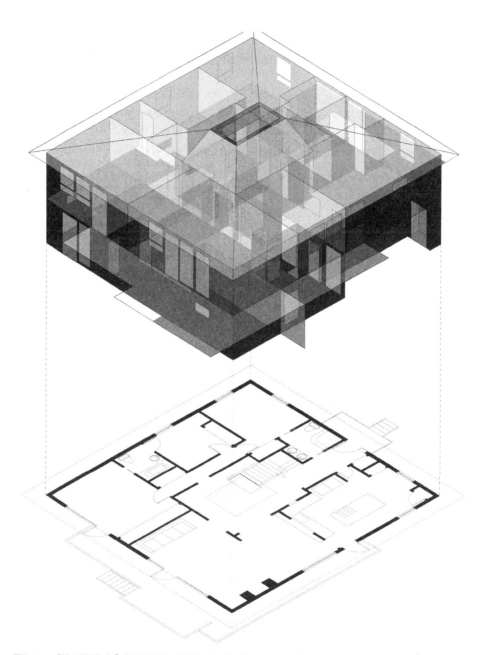

图2-1 "埃利斯住宅"的轴测图。这是一座建于中世纪的住宅,建筑被设计在一个9m²网格中,围绕中心一个有天窗的中庭,通过挑出钢梁使前后各有一个门廊。住宅中的每一个房间(包括卫生间)至少有两个门,并且共有7个开向室外的门

建筑师马瑟·利平科特(Mather Lippincott)

第二章

建筑物的三个部分

在人类设计中，我们可以想象有机进化继续并延伸到一个人造未来……只有当设计具有可证实的高宜居性指数时，我们在建构环境中的所有高价和长期投资才会被认为是合理的。这样的设计必须由一个富有社会责任感、技术熟练且致力于拯救正走向自我毁灭危险的种族的职业来构想。

——Neutra, 1954, P3

自人类建造了第一批庇护所以来，建筑物就已开始间歇性地演化：改进并精心建造棚屋、洞穴，不断发明新形式的庇护所，一直发展到现代大都市，始终在增强建筑物性能。设计和进化之间的比较并不是一种比喻，我们必须仔细区分那些由建筑师（和其他人）有意识地决定的建筑设计方面和由集体过程（例如房地产市场、时尚趋势和城市扩张）决定的那些方面，后者正是因为超越了个人设计决断，才使得一系列变化取得成功。第一章中，我们利用文化进化的众多维度概述了自组织的热力学原理。能源转换和物质浓度的层级结构性组织在整个建成环境中非常明显，在这里集体和个人之间的最大功率诉求冲突仍然是一个持久的伦理瓶颈。正如奥德姆曾经观察到的那样，系统生态学有助于揭示此类模式，渴望成为"系统的自我可视化手段"（Odum，1977，P118）。

进入现代社会以后，与生物学和进化论进行类比已经成为建筑理论的一部分。甚至当代生物学家，如雅布隆卡（Jablonka），目前都在区别进化过程的四个维度——"基因、表观、行为和象征"——可以说自然选择已经发生了演进，以更为快速、自由的机制运行（Jablonka，2005）。认识到建筑物是文化进化的产物，并不能使其免受热力学的制约。在整个建成环境中，我们能够通过识别多个维度上的自组织活动，将资源流的技术追踪与资源的社会和文化诉求联系起来，建筑物代表并助长了这种诉求。系统生态学将长期存在的环境问题与资源稀缺和污染影响联系起来，并将其与建筑物所处的社会和文化维度联系起来，揭示了人们所设想的标准常常是相互冲突的。

基斯勒（Kiesler）称建成环境的进化生态系统是一种关联主义，他用图表表明人类，而不是建筑物，是三个同时进化的环境的中心。这一简单置换是形成明确的建筑设计环境形式的关键一步，进而提出建筑物是人类进化过程中的众多工具之一。基斯勒尚未意识到生物圈的限制，所以可以通过纳入热力能源和此类环境层次结构本质来更新他的图表。也就是说，整个生物圈的自然环境塑造了人类社会和文化安排的文脉背景、资源基础和废弃物终点，这些反过来又为我们的科技——从衬衫和庇护所到信息系统的持续进化提供了背景（图2-2）。

建筑物的三个方面：场所、庇护所、场景

我们从"建筑物有什么用"这一简单的问题开始，阐述建成环境的

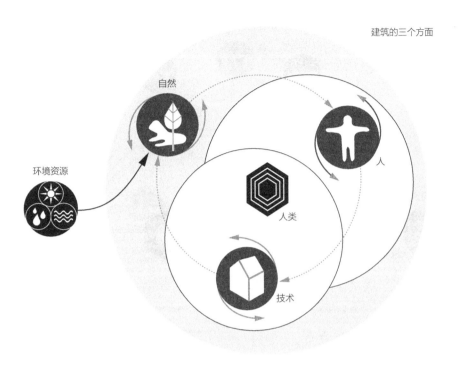

图2-2 一个基斯勒现实主义图示的更新版，展示了自然、人类以及技术这三个共同进化的环境之间的生物物理作用

生态系统。分析相关做功和资源转换层次等级，我们可以区别建设和建筑使用的三个相互嵌套尺度的目标：第一，占据和加强特定场所的特点；第二，提供避免气候侵害的庇护所；第三，作为工作和生活的场景（图2-3）。这些活动是分层次等级且相互关联的，意指建造庇护所必须要获取建设场所，并且要求两者都可以承受不同的工作、生活活动。相反，建筑物内进行的活动的社会和经济价值实际上限制了对场所的选择，正如其受所在地环境气候的限制一样。房地产稳定改变价值、位置、模式的动态，就是一个最为典型的建成环境中的自组织实例，这也是设计师、计划者、经济学家和城市管理者们努力去理解和预期的。

　　本书的中心部分分为三章，分别详细阐述这三个方面。虽然场所的选择

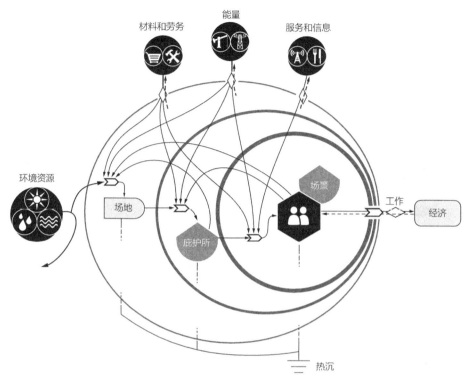

图2-3　关于建筑物建造和使用目的的三个嵌套层级：场地的增强、气候庇护所和工作生活的场景

和准备逻辑先于建筑物的建造和运行，但我们还是从作为庇护所这一中间状态开始，原因是作为庇护所的建筑物是建筑学切实关注的焦点。另外，对庇护所的热力学有一定认识之后会更容易讨论场所的热力学。在城市系统中，场所和庇护所都是一种对其位置的特别强化，进而影响着建筑物的类型、尺寸和质量。城市群动力学和环境设计之间的关联是通过场所聚集环境能量的能力而建立起来的。能量不同于燃料，燃料可以从不同地方进行开采、采伐和耗尽，而能量则是在场地区域内（或多或少地）不断集中获取太阳、风、雨获得的。基于集中燃料的现代建筑能量强度与建筑基地可用环境能量的扩散性质之间的对照，解释了为何彻底进行城市重组需要实现向可再生能源的真正转换。

跟踪能量交换级联、把建成环境看作生态食物网进行处理是本书写作的基本技巧。总体上讲，本书主要探究了六种不同类型的环境流和服务，从参与建设和运营，到建筑物容纳活动所需，再到其城市和经济状况规定的环境流和服务。分析作为庇护所的建筑需要区分投入到建筑物建设和改变气候所用能量流的做功、资源的分类。我们根据资源流的物质强度，将作为工作和生活场景的建筑所用能量分为两种——物质服务和集中能量。分析作为场所的建筑可以区分城市组织空间层级结构中涉及的做功和资源与反映社会和经济财富等级结构的做功和资源，这也反映了物质化程度。

正如生态系统一样，通过分析建成环境可以反复再现物质和能量强度，有利于揭示建筑物建设用途之间的层级结构。在这里提出的三个类别中，通过非物质化程度区分了做功和资源流，较重流明显比较轻流和较集中流循环更慢。

综上所述，需分析的各部分如下：

- 建筑作为避免气候侵害的庇护所
  建设和维护
  气候调节：供热、制冷、空调、通风、照明
- 建筑作为工作和生活场景
  物质服务：水、废水、食品、物资、垃圾
  集中流：燃料、能量、信息、金钱
- 建筑作为位置强化场所
  空间的等级结构：城市的自组织
  社会和经济生产等级结构

为了更好地指导设计，系统生态学建立了一个背景环境，可以对过去几十年内的许多建筑物性能进行比较。通过评估每种资源流所花费的累积做功，可以评估一个项目的环境成本，并确定其与更长自组织过程的关系，其中每种类别都利用了既有研究、信息数据库以及专业组织和机构的工作。通过单独分析做功和资源流，确定其热力学的各方面及其呈现的不同的建筑性能标准。

埃利斯之家

作为本书的主要案例，埃利斯之家（Ellis House）位于费城郊区，是一座2层独立住宅，2005年进行了大幅度的翻新改造。这所房子最初是由建筑师利平科特（Mather Lippincott）在1964年为埃利斯博士设计的，因此得名埃利斯之家。我在很多课程中都用它作为例子，以至于偶然地使埃利斯之家成为了探索生态系统潜能的基础材料。因为房子需要承受几乎所有的人类活动，从休闲娱乐到有偿工作，所以从某种意义上说，它提供了一个当代生活的微缩世界。鉴于埃利斯之家的建筑性能不是特别高，用它举例有助于说明规范行为和不同类型改进的效果。显然，某个单一项目不能代表各种建筑类型、建造时代和气候，我们仅仅是把埃利斯之家用作将生态核算应用于建筑物中的一个引导性示例（图2-1）。

为说明建筑物能值核算方法，已经出现了三个版本的埃利斯之家（附录B）。第一个是常规版本，它是基于原始的、几乎没有隔热设施的建筑物的实际建设情况，具有大西洋沿岸中部地区当代住宅的典型消耗和占用值。于2005年更新完成的第二个版本代表了根据传统的经济刺激进行改造的建筑物，大大减少了公共设施的使用并改善了交通、水和食品消耗。第三版埃利斯之家是一个假设的例子，按照被动房标准改造同一建筑物，并装配足够的光伏板实现净零能耗（NZE）等级评定和其他类别的消耗。被动房是一种发展完善的超隔热建筑建设方法，于20世纪70年代在美国被首次提出，之后的几十年内在德国发展完善（Shurcliff，1979；被动房研究所，2014）。附近一座新装修的建筑物最近被评为被动式住宅，所以第三个版本代表了一种具有环境理想的当代方法（附录B）。总之，埃利斯之家的这三个版本——常规版、改进版和零能耗被动住宅版，为探索环境建筑设计原则提供了一个示例。

当然，还有很多非常专业的当代建筑形式，不能用埃利斯之家来代表。因为生态分析范围非常广泛，揭示的主题也非常根本，所以我们决定限制案例的数量。研究埃利斯之家的目的在于确定环境建筑设计原则以及未来的研究主题。从现代建造材料和当代工作场所的特点到大都市的全面核算，系统生态学在建筑中应用的几乎每一个方面都需要更多工作和信息支持。

参考文献

Jablonka, Eva, 2005. *Evolution in Four Dimensions: Genetic, Epigenetic, Behavioral, and Symbolic Variation in the History of Life*. Cambridge, MA: MIT Press.

Neutra, Richard. 1954. *Survival Through Design*. New York: Oxford University Press.

Odum, Howard T. 1977. "The Ecosystem, Energy, and Human Values." *Zygon* 12: 109–133.

Passive House Institute. 2014. *Active for More Comfort: Passive House. Information for Property Developers, Contractors, and Clients*. Darmstadt, Germany: International Passive House Institute.

Shurcliff, William. 1979. *Superinsulated Houses and Double-Envelope Houses: A Preliminary Survey of Principles and Practice*, 2nd ed. Cambridge, MA: Shurcliff.

图3-1 "开发这堆木材的环境潜能有两种基本方法：可以建造一个挡风雨的棚子——结构解决方案，或者可以生火取暖——动力操作解决方案"（Banham，1969）

摄影：罗伯特·科顿，澳大利亚联邦科学与工业研究组织

第三章

作为庇护所的建筑

众所周知，雷纳·班纳姆（Reyner Banham）在其著名的建筑环境管理的比喻中，假想了一个"仅存在于寓言故事中的野蛮部落"清理一堆木材的场面（图3-1）。"开发这堆木材的环境潜能有两种基本方法"，他写道，"可以建造一个挡风雨的棚子——结构解决方案，或者可以生火取暖——动力操作解决方案"（1969，19）。

班纳姆在这个比喻的基础上，开始了对20世纪中期的高能耗建筑物的讨论（这些建筑物都具有稳定的燃料和电力供应），并且他指出前工业文明从来没有完全足够的燃料来选择动力操作的解决方案。前工业化时期的设计师将大部分的努力和资源投入到研究耐久和大量建筑物的结构解决方案中。这种工作即是在建筑物物质和配置中使建筑"物化"，这样建筑内部就可以改善地方气候，防止雨水侵入，并通过更温和的"火焰"增强内部舒适性。直到现代有了充足的食物、燃料、时间和知识，才使得动力操作解决方案成为可能。在班纳姆第一次讲述他的比喻之后，当代建筑变得越来越强大，且能够越来越高效地传递这种力量。

动力操作解决方案的当前目的是发展传递能源的高智能，例如开发恒温器和其所产生的日益强大的信息和控制系统。建筑以一种更为根本的方式体现其信息——形状、材料及各部分的组合排列（能量系统语言使其可见且可测量）。本章将设计策略放在更大范围的环境中，使用埃利斯之家的三个版本（常规、改进及被动房版本），研究建筑建造和气候改变之间的相互作用中的热力学。

建筑营造

核算建造过程中的做功和资源物化涉及一个关键特质。正如班纳姆举例所示，投资木材作为建筑物结构提供实时环境服务（结构解决方案）不同于迅速燃烧提供热或做功（动力操作的解决方案）。在结构解决方案中，木材中的潜能不会因为在建筑物中使用而立即耗尽。在建造期间，部分潜能被当作废弃物丢弃，但是只要建筑形式能够保持整体性，木材的能量就可以用于调节局部气候的构造。在动力操作解决方案中，当木材（或煤、油、气体等）燃烧产生热量时，潜能被简单地耗尽，留下的仅有余热。根据经济学家的观点，建筑是一个"服务基金"，而火是"股票的流动或支出"（Georgescu-Roegen，1971，P226）。但根据第二定律，两者都会发生不可逆消耗，差异在于消耗的速率不同。例如，作为服务基金的建筑物可能会保护一个部落10年，但它不能以更快的速度庇护10个部落一年（因为没有更多木材）。相反，木材可以一次点燃10个小篝火或一次点燃一个大篝火。

在建筑建造中最简单的热力学描述是：第一种选择是使用人力准备，运输选定材料，并组装在建筑物中，第二种选择是使用燃料和电能，以及从工具到信息的各种"服务"（图3-2）。尽管燃料和服务会在建造过程中消耗而只有材料的能量潜能可以以物质的方式实现，但是所有消耗的潜能均被认为

"物化"到建筑物的物质中。功和资源的储存能量被消耗在当地环境里，其熵增加，而建筑物实现更大范围内的秩序。建筑物本身可以通过燃烧产生热量，但这只能弥补建造过程中的一小部分消耗。因此，建筑的价值不能用其直接的含能量或电费单来衡量，而必须涵盖许多上游成本和下游效应。建筑设计的真正价值是指向和扩大潜能流向对居住者有利方面的能力。热力学图表有助于识别建筑物获取最大化功率的组织方式，建筑物适应（或不适应）新的成本和潜能的机制，以及为设计提供了怎样的前景。在众多当代建筑中进行选择就是在低强度材料的不同使用方式和高浓度燃料或电力之间进行选择。通过确定相对集中度以及不同的建筑材料和能源的能值强度，可以揭示基本组织方式。

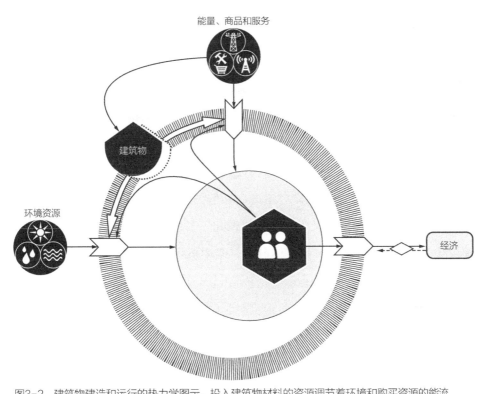

图3-2　建筑物建造和运行的热力学图示。投入建筑物材料的资源调节着环境和购买资源的能流

核算

    评估建筑物价值的第一步是确定建筑物寿命，寿命决定了其可提供服务的量。通过设计及维护的方式可以延长建筑物的存续时间（尽管是以消耗额外做功和资源为代价），同时很多因素也能缩短其存续时间，包括缺乏维护、社会或特殊事件变化等，项目的实际寿命只能根据过去的大致经验进行概率统计。当代建筑由多个部分、产品和子系统组成，每个部件本身都有使用寿命。在确定资产折旧及优化产品效用方面，目前我们已经做了大量研究，例如，在设计较短寿命产品时使用长寿命组件，或者混合使用具有不同速率变化效用的元件，然而这些都没有太大意义。

    要涵盖建筑元件不同使用寿命的影响，或者不同替换速率，我们需要设计一个更为复杂的热力学图，解释变化速率以及它们之间的相互作用。商业建筑物几十年来一直遵循这一原则。每隔几年更换一次内部隔板，而结构元件则会伴随建筑物的整个使用寿命。"前技术"结构形式必须可以容纳以下差异——建筑物和家具，但是随着19世纪和20世纪初建筑的标准化，几乎所有建筑物构件都变成了可替换的。标准化建筑完全达到《Sweet目录》（1906）中美国建筑产品的分类标准，建筑结构的"机械化"成为建筑上的历史先锋派的关注焦点。吉迪翁（Giedion）将第一次世界大战到第二次世界大战（1918~1939）时期定义为"全面机械化"时期，他努力使这一历史过程理论化为"类型学"，反对其文体分类，暗中援引进化生物学家的分类方法（1948）。

    1920年，纯粹主义者阿米蒂·奥泽方（Amedee Ozenfant）和勒·柯布西耶（Le Corbusier）称赞"典型产品"的发展，如办公家具，是根据"经济最大化"原则进行"自然选择"的过程（372），他们称之为"机械选择"，"始于最早的时代，提供了其普通法则已经承受的对象；只有改变它们的方法。"1939年，基斯勒准备绘制"十二个发展阶段"，可据此从众多现有产品中选择、研发新产品，确定从"发明"到"量产"的特征时间"大约为……30年"。自从那个关于强度的特定时期起，许多设计师开始考虑建成环境的进化问题，这可以追溯到塞缪尔·巴特勒（Samuel Butler）《乌有乡》（1872）中关于自然选择的规则是否也适用于机器的猜测，这是他在阅读达尔文的物种起源（1859）之后提出的。

凯瑟琳·比彻尔（Catharine Beecher）和哈丽叶特·比切·斯托（Harriet Beecher Stowe）于1869年出版关于家庭生活的《美国妇女之家》一书，该书在当时就已经涉及了建筑物中有关机械演化的问题，书中凯瑟琳提议建造一个离散的"核心"容纳管道和烟囱，自此成为各种高功率建筑物的特色。基于不同更换率（或维修或施工顺序）的建筑物各部分的分化，可以通过机械核心和幕墙结构的丰富历史进行追溯，但关于变化类别或层级的明确理论，似乎起源于奎伯勒（Quickborner）团队20世纪50年代在汉堡帮助公司更快适应其业务时，研发出的"景观式办公室布置"系统（Burolandschaft）（Gottschalk，1968）（图3-3）。20世纪60年代，英国建筑师弗兰克·杜菲（Frank Duffy）扩展了这些方法，描述了基于商业建筑寿命的四个层级："壳、服务、布景和设施"（Duffy，1964）。斯图尔特·布兰德（Stewart Brand）随后提出了建筑物的六个"剪切层"图解："现场、表皮、结构、服务、空间计划、材料"（Brand，1994年），使弗兰克·杜菲的研究成果在20世纪90年代进一步推广普及。荷兰学派——智能建筑进一步发展了该图解，增加了第七层——"可获得、流通"，并对基本原则进行了解释："在混合系统时要谨慎"（Hinte & Neelen，2003，P24）。

建筑物类型不同，其具体分层也会有所不同。为了验证埃利斯之家中不同层级的假设，我们根据布兰德提出的六个层绘制了一个总体图，并且添加了第七层——软件或信息系统层（图3-4）。在美国建筑业语言中，层是地

图3-3 20世纪50年代由奎伯勒咨询公司进行的景观式办公室设计的早期实验之一，其中包含了最早的办公室景观植物种类之一

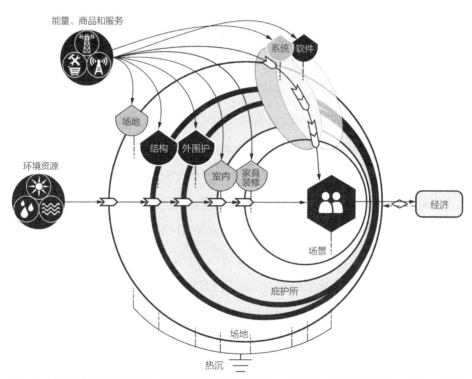

图3-4 基于寿命和目标的包含七个层级的建筑物建造的热力学图示，这七层分别是：场地、外围护结构、承重结构体系、室内、家具装饰设备、系统和软件

点、结构、外部边界、系统、内装、FF&E（家具、装置和设备）和软件。结构包括所有承重元件，预期寿命为75~200年。外部边界层包括屋顶、墙壁、窗户等，可以持续使用25~75年。系统层是由多层混合而成，包含控制加热和冷却、新风、水和电力的资源流动的所有建筑元件，有效使用期为5~25年。内装包括固定到位的所有隔墙、天花板、饰面和照明，存续时间为3~30年，而FF&E包括所有家具、固定装置和设备，适应居住者的日常的、每周的和季节性的活动。当代系统控制软件几乎已经渗透到当代建筑的每一个层级中，它引入了变化更快（从数小时到数个月）的第七层级，尽管核算其上游成本极具挑战性。

审查热力学图有助于揭示七个层级的不同作用，以及它们不同变化率的影响。结构层支撑所有其他层，而边界层是气候调节的主要因素。内装层和装置设备层几乎完全致力于满足居住者的各种活动，而同时系统层和软件层则有助于气候的调节和居住者的工作，以不同的形式纳入集中能源。在每种情况下，图表都能表明在每个层中投入的全部物化做功和资源，以及它们调节的资源流动。我们相对容易想象出更多物质层的进一步分离，如结构、外边界、内装和装置设备，以及当代建筑的特征元素（如悬吊的天花板、幕墙、小隔间），这些都说明了分离技术。然而，电力和信息系统却因为明显跨越层与层的边界，带来不同的建筑挑战。电插座可以作为一个在这种情况下象征建筑"面"的例子，其设施的关键点是便于适应电力系统在层之间交叉，包括更永久的隐蔽布线到移动设备。

一旦确定了每个组件的使用寿命，我们就可以通过折旧计算来评估年成本。随着基于高价长期资产（例如铁路）的行业的发展，19世纪30年代美国开始允许用年度花费评估磨损导致的资产价值损失。在1909年，《美国税法》只接受惯例。到了20世纪30年代，"折旧研究"提供了近2700种类型的资产"可能、可用生活"的正式时间表（Brazell等，1989）。建筑构件提供的服务（作为服务基金）被视为稳定释放原先支出的做功。当然，建筑物的不同元素以不同的方式发生磨损，并且其性能可能在该时间内缓慢降级，但最终判断是否替换的是它们的持续效用。你可以轻而易举地把炉子关掉，停止输送热量，但确定墙上涂料的使用寿命却不那么容易。对于热力学计算来说，建筑构件中所包含的做功和资源是在该使用寿命中的平均消耗。假设要替换外围护构件种类，其年度贡献将伴随该建筑的整个使用寿命。

为了确定用于特定建筑材料的做功和资源，本书依据研究文献中报道的能量强度（sej/kg）进行计算，并总结了其总成本（附录B）。和其他生命周期的计算类型一样，数据可能存在明显的变异性和不确定性，这就是本书采用估算一词的原因，主要用于确定设计原则的比较价值。马克·布朗（Mark Brown）和塞尔焦·乌尔吉蒂（Sergio Ulgiati）在奥德姆的帮助下提出了这些方法，一直努力将能值计算融入传统生命周期数据库中，这将大大加深建筑分析的可用信息（Brown等，2012）。但是即便数据存在不确定性，系统生态学仍提出：人类经济中生命周期方法的能值计算不可能仅基于能量第一定律。

废弃物处理和再循环

全面考虑建筑还包括材料在建筑使用寿命结束后的下游成本。最近斯里尼瓦桑（Srinivasan）等人对四种生命周期评估方法进行了比较，并举例说明了分析涉及的不同边界（2012）（图3-5）。如图所示，建筑构件和材料最终都会成为废弃物，回收用于重新生产材料，或偶尔用于其他目的。2003年，据美国环境保护局（EPA）估计，美国生产了大约1.7亿t与建筑相关的建造及拆除材料，其中某种形式的回收率高达48%（US EPA，2009）。无论

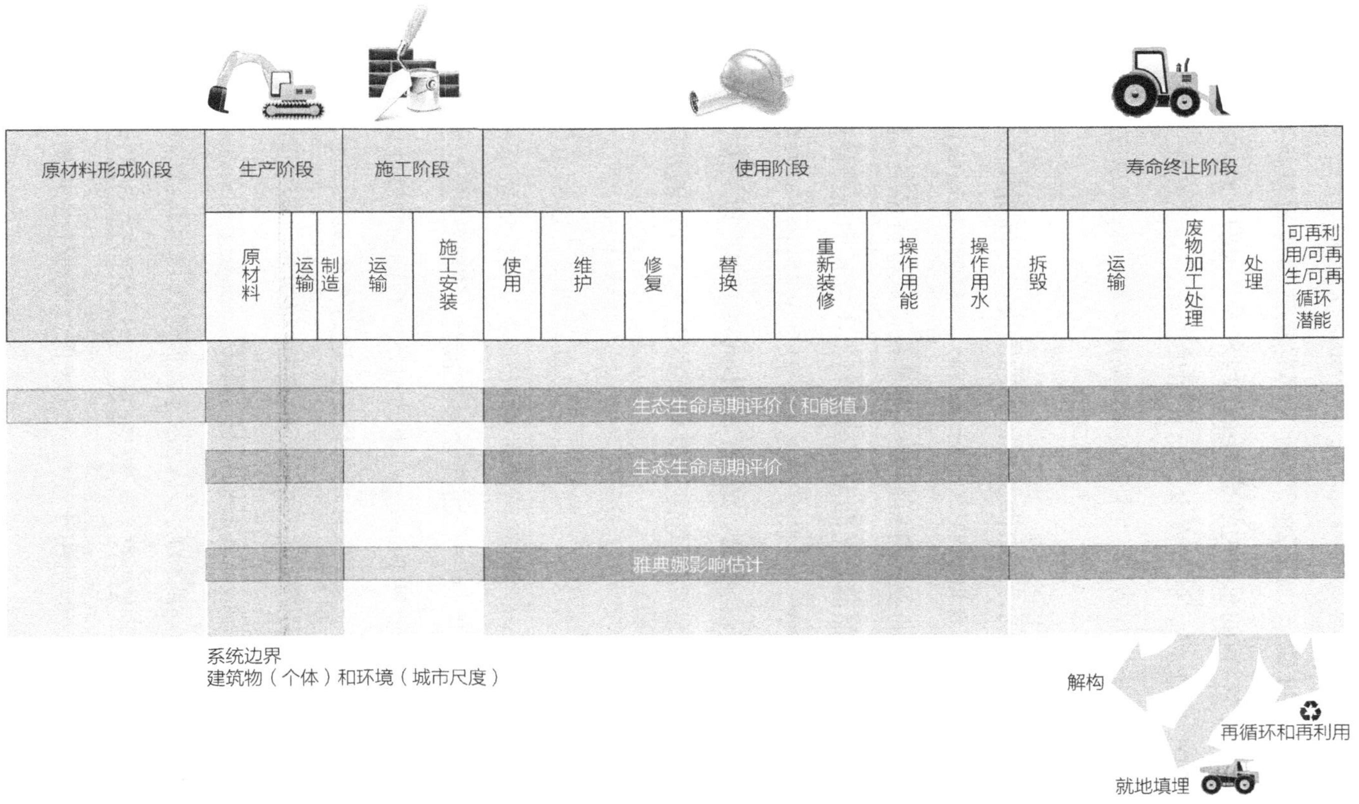

图3-5　用于评估建成环境的四个生命周期清单和影响评价方法的系统边界。

Srinivasan 2014

是回收材料还是废弃物，拆卸、分类和运输都需要做更多功。马克·T·布朗和沃拉森·伯拉纳卡恩（2003）研究佛罗里达州建筑材料回收利用时，评估了回收不同材料的总热力学成本；平均来说，他们发现拆除、收集和填埋可以增加18.2万sej/kg材料成本；而且如果拆除、分类及加工工作更为细致的话，会进一步增加成本，钢铁成本增幅19.4万sej/kg，铝成本增幅30.5万sej/kg。

　　回收形式各有不同，其由涉及材料的性质决定。布朗和伯拉纳卡恩确定了三种替代过程，最常见的是直接材料回收。从填埋场回收的废弃物或在早期制造过程中回收的废弃材料，可以简单代替原材料供应。然而，许多材料不能直接回收，例如混凝土和大多数塑料都不能返回其原始的"塑性"状态，所以只能进行研磨，用来填充其他产品。我们称这种现象为适应性再利用或"下循环"，不能重复。最后，在不同工艺中可以用废弃物或副产物代替原材料，最常见的实例是使用发电厂燃煤飞灰替代波特兰水泥的部分组分。

　　投资于建筑材料的价值可以通过其他方式回收，包括组件的直接再利用，然而每一步骤都需要消耗额外做功或能量。成熟的生态系统几乎可以实现完全材料回收，但每个周期都会消耗能量。模仿自然生态系统时，威廉·麦克唐纳（William McDonough）和迈克尔·布朗嘉（Michael Braungart）提出将材料完全回收作为建筑环境的目标，这需要更加深入地了解材料循环和拆卸设计（McDonough & Braungart，2002）。布朗嘉最大的贡献是确定了建筑材料中的能值强度等级。如我们所料，木材、混凝土和砖块等简单材料的强度较低，从80万sej/kg到300万sej/kg不等，而更高度精炼的材料，包括钢、铝、塑料和玻璃，其强度要高一个数量级，可达1300万sej/kg。有机材料（如木材）可以生物分解，但是由于能量强度较低，使得工业再循环成本更高。相反，诸如铝、钢和玻璃等工业材料可以直接进行重熔和重塑。这类材料的高强度成为其价值或质量的一个量度。

　　建筑的层次和寿命

　　为了估算构建埃利斯之家所需的能量，我们确定了每种材料的数量、能量强度和预期更换时间（附录B）。最初开始建造时，房屋及其所有内容物重量为535t，总能源成本为6.83×10^{17}sej，年折旧成本为1.38×10^{16}sej/年，改进版和零能耗被动房版埃利斯之家比原来版本需要更高的投资，反映出更好的窗户质量和绝缘材料的更广泛使用。除了可以描述当代建筑高额的上游投资，这些数量本身带来的信息量很少。与其他消费方式一样，可以将它们与其他建筑物的总使用情况进行比较，也可以用作更系统的效率措施。但是，系统生态学更高的目标在于了解不同元素、寿命或建筑类别之间的质量等级，进一步揭示其组织的热力学逻辑。

　　在一个完全适应的系统中，我们可以计划利用建筑物中的材料数量反映其能量强度。越是昂贵、有价值的材料，使用时越是要更加离散。从埃利斯之家的结构和外围护图表来看，其构造中使用材料的量（kg）和强度（sej/kg）之间的对应关系不太明显，但是统计相关性低（图3-6）。这可能表示特定案例研究中经济和能值成本不同，并引出一个新的有价值的研究领域。相反，计算揭示了结构（80年）、外围护（70年）、系统（61年）、内饰（38年）和装置设备（24年）的寿命之间的预期等级。然而层内变化与层间变化一样重要（附录B），例如，大部分外围护的寿命约为70年，虽然必须每10年更换一次涂料，即使暖通系统本身只能存续20～30年，系统层的寿命大约也能达到61年。建筑物构造中管道和线路的耐久性会延长整体寿命平均值，但是在本章下一部分论述中将会变得清晰：由这些系统引导的实用能源的能值与其物理基础设施相比，使后者相形见绌。最终，只能通过评估建筑

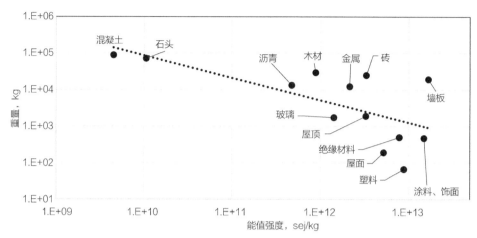

图3-6　标注了重量和年能值成本的建筑结构和外围护结构材料：标准版的埃利斯之家

工程在整个系统中的作用来理解其价值，包括引导环境能源和更高度集中能源。

　　在回顾了埃利斯之家中不同组件和资源流的能值计算表后，我们决定根据场所、庇护所和场景的三个目标层面进行组织，下一节会同时考虑结构和外围护的投入与气候调节系统。内饰和装置设备的成本作为建筑物中工作和生活活动的一部分进行研究，而系统在两者之间分摊。

气候调节

　　作为庇护所的建筑的基本服务是改善小气候以方便人们居住。建筑围护通过其构造形式和材料性质，以及在特定机械和电气系统中使用集中能源，选择性地过滤气候——调节温度、湿度、风和太阳光。在整个现代文明时期，建筑材料及装置移除热量和产生光的技术能力发生了显著进步。建筑物理学也已经并行发展，引出新的热力学设计策略——从超绝缘、被动房屋到净零商业建筑。系统生态学有助于描述许多特殊建筑形式之间的差异，但研究要从舒适性开始。

热舒适性早已是重要的研究课题，从19世纪中叶起，人们就已经认识到人体是一种热力发动机，将食物转化为功并释放热量，释放出的热量在环境中消耗掉。在随后的几十年里，舒适性成为科学研究课题，它可以越来越精确地描述使（大多数）人们舒适的条件。机械制冷机在20世纪初的发展要求更高精度与加热、冷却需要控制湿度不同。空调之父威利斯·开利（Willis Carrier）提出了一种热力学状态的焓湿图，并用它来识别舒适的环境区域。然而，用来建筑领域内舒适性的是奥尔盖伊（Olgyay）兄弟20世纪50年代提出的生物气候图，说明了舒适性和太阳、风和空气温度等环境条件之间的关系。虽然这两种图表描述的舒适条件类似，却代表着两种不同的气候调节方法，如班纳姆所述，包括动力操作和结构解决方案。奥尔盖伊兄弟的生物气候图用来说明实现舒适所需的环境变化的种类和程度——或多或少的日照和通风，而开利的焓湿图则用于直接计算舒适温暖、潮湿空气所需的能量。生物气候图是用于考虑修改建筑围护的工具，而焓湿图则是测量机械设备规模的工具。20世纪50~60年代，班纳姆描绘了这两种方法之间的对立情况，记录了"完全控制"暖通空调设备可以促进全新建筑的发展（Banham，1969）。

这种对立可能看起来是不可调和的，建筑师反对工程师，建筑围护对抗暖通空调。但近几十年来，由于动力操作的建筑物成为常态，这两种方法已经在大范围内结合使用。各种新配置中已经将建筑墙壁、窗户、地板等常规元素与电力输送技术融合在一起，包括通风地板、主动式玻璃墙、空调房以及吊顶等。生物气候设计元素——隔热、可开启窗、遮荫反射装置、季节性调节墙等，可以更有效地改善以反馈信息为基础的建筑自动化系统，利用适量电力和信息调节、放大较低质量环境流量。因为涉及生物气候，我们可以称其为"机械方法的控制论调和"。分析21世纪的建筑物时，必须超越班纳姆生物气候和机械之间夸张对立这一说法。

同时，舒适性问题也体现了技术改变使用者的程度，即使是和热调节一样的根本性"需求"。环境调节代表了需求和技术的协同增长，上一代人的奢侈品成为下一代人的必需品。中央供暖是19世纪末的一项技术革新，使用了一种原始反馈装置——恒温器，允许少量电力和信息取代人工调节炉子。发明中央供暖的目的在于节省劳动力，提高生产力，但其却迅速发展成为一种常规服务。目前在寒冷气候区，法律强制要求将舒适性写入规范。建筑物作为庇护场所永远不可能完全减少加热和冷却的能量交换，但需要考虑中央供暖在社会、文化和经济层级中实现其价值。

当代建筑"实体"对增强改善气候能力技术的依赖已经显著增强。大型建筑物，甚至许多小型建筑物，如果没有动力操作系统的主动支持，是不适合居住的。对部分环保主义者来说，排除这种依赖性似乎很有必要，倾向于用人为动力的方式支持更简单的系统。必须在热力学基础上建立不同系统的有效性，比较建设工作、环境资源和集中能源流以及用编码信息替代人类工作的价值。对总成本和建筑环境中能量强度的追踪显示了功率和效率之间的不断权衡。选择最大功率很好地解释了过去100年来大功率建筑的出现，并且强度等级有助于确定在未来100年内向可再生能源转型过渡的设计策略。

生物气候学方法

了解建筑物舒适度的调节可能是本书中最直观和直接的热力学使用示例，因为能量交换主要关注的是温度差异，并利用热传递基本公式。同时，热调节也可能造成困惑，因为气候调节装置的主要"服务"——热量，是任何能量转换都不可避免的副产品。换句话说，需要进一步澄清第二定律：除非该做功是低温加热，否则不能将能量完全转换成做功。热量有多种生产方式，环境成本有高有低，所以我们关注的不是转换效率本身，而是不同燃料和方式的能值强度。例如，即使可以几乎完全转化成最终热量，燃烧高质量燃料、天然气或燃煤生产电力都代表着高额的上游成本。

要记住热量的独特状态。从建筑物围护生物气候效应的最简单热力学图开始：一个没有动力操作或反馈技术的外壳。随着人类舒适性研究的开始，建筑基本的热服务是人类代谢（将食物转化为功）产生热量的耗散。在低于身体核心温度，室温约10～15℃时，身体会通过各种物理机制实现传导、对流、辐射、蒸发。为了将内部温度保持在这个范围内，建筑物围护具有两种基本的能量交换途径：

1. 由内部和外部之间的温差驱动，通过建筑物围护的许多部件进行热传递；
2. 阳光穿透窗户，当它到达内表面时转化为热量。

这两种机制都会随位置、季节、天气和时间变化而变化。实际上，建筑物表层是过滤器，可以调节可变的局部环境条件以保持相对恒定，且适当地低于其居住者体温的内部温度（图3-7）。

这一基本图表有助于揭示关于生物气候策略中的几个关键点。第一点与热气候（季节）和冷气候（季节）之间的根本区别有关。简单来说，相比较冷却建筑物而言，保持其温度更为容易。可以通过充分隔热，利用太阳光（居住者）热量基本保持建筑物室内温度，并且温度下降时，储存的能量可以转换为热量。相反，如果建筑物室外温度很高，必须在某个地方安装冷却器或者热力发动机必须反向操作，将热量"高峰"转移到室外更

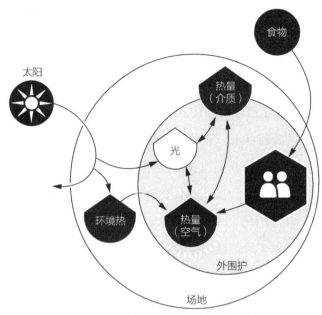

图3-7　建筑物基本热调节的热力学图示

热的环境中（冷却器）。加热和冷却时，都需要在物理空间和时间内识别所有即时环境中的热源和热汇温度。对于建筑而言，不同时间或不同机制可产生不同环境温度——从地面温度、空气温度、湿球蒸发温度，甚至阳光在物体表面上产生的温度。可用温度范围确立了不同策略下的最大速率和效率。

　　由于环境条件易变，建筑物围护的任务从根本上来说是动态的——修正和稳定可用能流。可以用热力学图模拟气候过滤器建筑物围护的动态特性。几十年来人们一直使用这些简单的集中参数模型分析建筑物的热行为，并且它们可以非常准确地模拟相当复杂的建筑物温度和热交换，特别是用于真实建筑数据反向建模（Sonderegger，1977）是更为准确。图3-8中

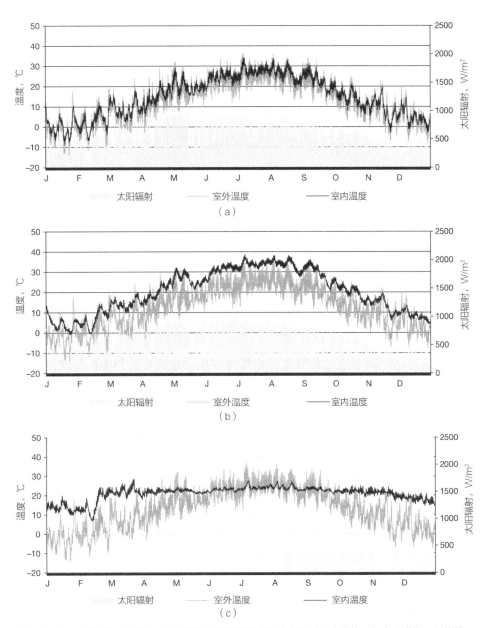

图3-8　（a）原始的、标准的、无条件版本埃利斯之家的全年逐时温度模拟；（b）改进的、隔热的、无条件版本埃利斯之家的全年逐时温度模拟；（c）响应的、无条件的、被动式版本埃利斯之家的全年逐时温度模拟

的图表是三个版本的埃利斯之家在一年内典型费城天气情况下，逐小时的温度模拟。它是一个简单围护——在其内部有固定窗户和热质量的隔热盒子——但即使如此，也能揭示建筑外壳通过其单独形式和材料属性来调节气候的能力。原始房子给用户带来不舒服体验的时间占86%，主要原因是温度过低。改进后隔热版本的不舒适时间占77%，但几乎完全颠倒了温度比例，因为大多数时间温度都很高。原始房子在冬季和夏季的温度与室外温度相差无几，而隔热房子在这两个季节都很温暖，这就说明了过冷和过热之间的比例变化。接下来解释第三个响应版本的性能，但是我们首先要分析三个重要关系——时间常数、增益物质和增益损失，来解释动态建筑性能。

解释动态建筑性能的三种关系

在需要加热和制冷的季节里，建筑物内部质量可以控制室内温度的高低温波动，原始和改进版本的室内温度大多高于室外温度。虽然改进版在冬天更暖和，但夏天还是原始版渗透性更好，住起来比较舒服，所以这两种建筑物住起来都不是很舒服。分析日光照射与室内外温度之间的关系可以轻易观察其之间的相互作用。白天太阳加热建筑物，夜晚和阴天冷却建筑物。通过建筑物在建筑围护的绝热值"损耗"（研究人员早期提出的术语）以及热质量，确定冬季或夏季的冷却速率。二者之间的比率被称为热时间常数（t），用于描述将建筑物温度大体降到室外温度（$1/e=63\%$）所花费的时间。原始版埃利斯之家的热时间常数约为22h，而绝热版则增加到77h。时间常数还决定了利用阳光、人体散热或是其他能量来源加热建筑物的速度。较高热质量和较低损耗可以使内部温度稳定，需要注意的是时间常数几乎与建筑尺寸无关。大型和小型建筑物的温度变化响应速率可以相同，但是较大建筑物通常具有多个特征时间常数不同的热区域。

通过该简单模型可知，还有两个比率与建筑物尺寸是无关的，这一模型完善了对建筑物热响应的描述。第二个比率则存在于热质量和热源或增益物质之间。在这一简单模型中，太阳是主要的热源，其量级与窗口面积之间存在直接函数关系。调节其效果的基本关系是热质量与玻璃或玻璃物质面积之间的比率，描述了太阳的室内加热速度（Mazria，1980；Balcomb，1982）。

第三种动态关系为增益损失，是热增益和损耗之间的比率。在该模型中，因为阳光通过窗户进入，室内温度比室外温度高得多。下一节探讨更复杂模型时，增加了其他热增益源，包括来自人员、照明、设备和炉灶的热量。更完整的模型中，可以通过室内热增益与损耗之间的比率理解由外部气候和室内活动驱动的建筑物之间的区别。

这三个比率——时间常数、增益质量和增益损失确定建筑外围护对其气候的潜在自然响应。与直接射入窗户的阳光有相互作用，这可以将冬季和夏天建筑外围护设计的不同策略区分开来。如温度图表所示，埃利斯之家基本上在冬天需要更多热量，夏天需要尽量减少热量。这意味着不能通过组合损耗、热质量和玻璃面积，产生在热和冷季节都舒适的环境。这种设计方法可能需要消耗大量热质量，才能将室内温度控制在平均气候温度，但在大多数气候条件下仍然很不舒服（费城温度约13℃）。

对于处于有寒冷炎热气候地区的建筑物来说，有效的经典策略是在季节更换时改变其属性。夏天时，白天遮住窗户，夜间打开，让室外冷空气进入；而冬天，设置窗户捕获阳光，密封外围护保存热量。图3-8（c）中的温度图示为响应版本，可以根据室内外温度在两种策略之间切换，通过隔热满足被动房标准。寒冷条件下，通过大面积南向玻璃严格隔热。随着室内温度升高，遮蔽窗户，如果室外空气舒适，就打开窗户。因此，响应版本只有8%的时间不舒服，仅仅是改进版本的十分之一。这是大多数建筑物安装集中供暖和空调之前的管理模式。

当然，现代建筑还有很多其他热源，这样会使温度提高，并且需要更多反应策略管理热气候，但应该明确一般原则。利用信息调节建筑外围护的基本热参数之间的比率，可以使建筑物自身在寒冷天气下加热，并且能再在炎热天气条件下保持在或接近平均室外温度。这是被动房方法的本质所在，其性能仅受不可避免的内部增益和夏季室外平均温度的限制。在炎热的天气中达到较低温度需要满足以下两个条件之一：要么获取较冷环境热沉——地面、干空气蒸发势、长期储存的"冷却物"（例如从冬天保存的冰），要么使用一些其他能源驱动热机以去除热量（冷却器）。

评估建筑外围护

接下来的几个小节中，我们将以这一简单热力学模型为基础，评估建筑作为庇护所的效果。结合建筑外围护的能值成本有助于回答关于更多隔热或更好玻璃的价值问题。从上一节中，我们知道原始版建筑结构和围护的年折旧成本是3.9×10^{15} sej/yr。在外围护和改善窗口增加隔热层会增加1.82×10^{14} sei/yr（约5%）成本，但我们如何确定改进的价值？外围护的物理变化增加了冬季舒适小时数，但是在夏天有所减少，这使其隔热投资价值产生怀疑。真正的改善是响应气候条件，调节外围护的属性。

通常，我们都是根据加热炉或冷却器之外消耗的能量数量来评估此类改进。使用该方法时，由于节省的能量逐渐减少，每增加一个隔热层产生的效果比之前的都要小，因此如何进行选择成为平衡燃料成本和隔热成本的方法。但是，这样我们就没有办法评估更有前景且没有加热炉的被动式建筑。相反，我们需要确定外围护对维持舒适度的积极贡献，而不是它给公用事业账单带来的负面影响。我们可以这样做是因为考虑到班纳姆的气泡热力学，包裹保持舒适度的一定体积空气，并根据需要添加或去除热量。没有气泡，空气温度将和室外温度一致。我们可以简单地计算保持舒适度所需的能量，在没有要求条件的建筑物中温度之间的任何正面差异都可以被认为是外围护的贡献。

埃利斯之家含833m³空气。计算不舒适气候的小时数和温度后，我们确定了在费城典型气候条件下，将完全开放式庇护所温度控制在20℃，一年需要1.47×10^{12}J能量。看上去比全玻璃房间还要神奇，但却需要花费许多倍能源成本。即使是结构最简单的外围护也可以利用其构造调节温度，代替部分能量。原始版渗透型埃利斯之家的舒适时间比室外多14%，设置隔热后增加到23%，这意味着改进版本投资的做功和资源可以有效增加3.45×10^{11}J/yr能量，简单地通过其材料性质和构造维持室内温度。通过该方法，我们可以开发针对效果改进的强度测量，计算保持舒适度消耗的单位能量的能值含量。对于原始版埃利斯之家的外围护，热调节能值强度为3840sej/J，而改进版本的热调节能值强度为924sej/J。通常情况下，建筑业、房地产市场、建筑时尚和人类经济之间综合选择的压力相互作用，在建筑物内产生了这些强度层级。

埃利斯之家的响应版本表明，只有在有人走动并改变了其属性以匹配环境条件——在正确的时间拉下窗帘或者打开窗户时，才真正实现外围护的力量。评估这些调整涉及的工作比这种模式要稍微超前，因为需要估算稍后需要考虑的人类劳动时间及价值。保守估计，控制窗户和窗帘另外需要1.04×10^{15}sej/yr人类做功。但即使响应模式会产生额外成本，其能值转化强度也较低——大约为306sej/J，原因在于其可以提供更高的热舒适性。我们会在接下来的章节内从更多角度进行分析，但需要一个比较点——天然气的能值强度约为17.8万sej/J。从效率方面看，控制良好的建筑物外围护，因为其成本较低，提供的热舒适性明显比较高。然而，将能值强度作为系统自组织质量的衡量工具，以期改善其动力时，就会改变上述论点。例如，天然气资源成本较高，但能量密度高，可以在使用之前一直保持其含能量，并且有多种使用方式。准确地说，天然气的高强度代表其灵活性和集中性，这用一种恰当的方式引入了主要以此类浓缩燃料为动力的机械方法。

机械方法

人类使用火的时间可能先于建造庇护所的时间，但是无论哪一个在先，自从建筑物出现后，两者一直保持共同发展。建筑外围护包含并能放大火的热量，改善了庇护所的气候调整效果。现代动力操作的机械方法最初是加强炉膛中的火焰强度。19世纪，新燃料和更有效的燃烧技术促进加热技术的发展，增强了壁炉、炉子及中央锅炉的燃烧能力，同时也提高了热舒适标准以及建筑围护结构对它们所提供的热量的依赖。但是机械制冷可以去除热量、控制湿度，它的引入完全确立了当代舒适度水平。随着人工照明的发展，新的热控制水平使建筑物摆脱了制冷、照明时对窗户的依赖性，促进了新建筑规模、形式和类型的发展。

班纳姆（1969）、菲奇（Fitch，1972）、特诺伊（Ternoey，1985）和霍克斯（Hawkes，1996）等人详细研究了这一转化，总的原则是清晰的。气候调节相关的新能源和新技术的出现，逐渐解放了建筑围护结构在气候调节中所发挥的作用，进而可以对具有不同热力学特性和能耗率的建筑物进行大量实验。菲利普·奥德菲尔德（Philip Oldfield）等人在其最近一篇关于纽约高层建筑的《能量发展的五个时代》的文章中，总结了外围护和系统之间的历史作用（Oldfield等，2009）。在该文章中，第一个时代开始于美国内战后的建设热潮，并于1865～1916年期间实现了更大突破。为了保证日光能照射到街道，1916年《区划法》对建筑物比例作出了规定。第二个时代持续到1950年左右，和第一个时代一样，建筑物仍然要依靠窗户采光、降温，细长的形式增加了外表面积，因此需要更大供暖量。第三个时代开始于20世纪50年代初，这时开始采用全玻璃墙、空调和荧光灯照明，除了景观作用之外，竟然取消了幕墙其他任何积极的环境角色。虽然很难确定确切数字，前两代的能源使用强度（EUI）高达315kWh/m^2，而第三代的强度增加到约800kWh/m^2。直到1970年出现能源供应危机，更高的燃料成本和新的监管标准使得新建筑的能源使用强度在接下来的十年里回落到315kWh/m^2，尽管第四代建筑物在其他服务中增加了空调。

能源发展第四代持续到今天，其特征是建筑物在更高效的组件和设备下，满足最低规范要求，第二次世界大战后建立的建筑物外围护结构和暖通空调之间的关系目前仍然存在。伴随着"环境意识的崛起"，20世纪90年代末，奥德菲尔德等人开启了能源发展的第五个时代。第五代建筑物目标更为远大：超越规范要求，探索新的建筑形式、新的能量来源以及建筑外表皮和系统之间新的相互作用。尽管对于不同城市和建筑类型的具体阶段和日期有所不同，但是广泛应用的模式是类似的。随着二战后建筑围护结构内高功率系统的集成，建筑实现了新的类型和规模。20世纪70年代的能源供应危机之后，这些新的一体化形式效率更高，同时自20世纪90年代以来，关于新措施和环境性能标准的探讨也持续不断。

我们可以把建筑和机械系统之间的共同发展看作一个探索过程：增强建筑物动力，并在新能源和创新出现时测试效率和功率之间的权衡。考虑到这一历史轨迹，我们就可以开始用动力操作的气候改造技术来解释埃利斯之家的热力学图（图3-9）。建筑物的基本热任务不变，加热和冷却之间存在的仍是一些基本的区别。机械和电气设备使用燃料和电力对建筑物添加或移除热量，调节和修正外围护结构的物质和生物气候作用。

建筑学与系统生态学：环境建筑设计的热力学原理

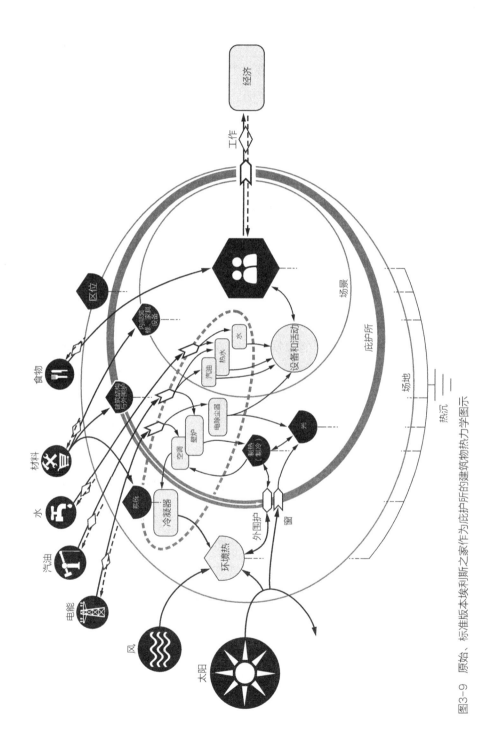

图3-9　原始、标准版本埃利斯本斯利之家作为庇护所所的建筑物热力学图示

88

加热和冷却

加热几乎总是比降温更为容易。任何可用燃料都可以转化为热量，而且从热力学第一定律的角度来看，目前其效率非常高。而消耗其他能量的活动（人、照明和设备）将产生余热而抵消显式热需要，显式热的概念将在下面部分中作进一步讨论。将火炉或锅炉热量有效地添加至建筑结构和空气中现存的热量，补偿外围护结构损失到温度更低的户外的热量，以及通过渗透、通风或燃烧来加热室外空气所需的热量。与外围护结构热贡献进行比较，在高效（96%）炉中燃烧天然气的能值强度为约18.5万sej/J，而使用美国电网的电阻加热器（100%有效）的能值强度约为39.7万sej/J（图3-10）。被动版本使用光伏电池板替代电网电力，实现了净零化状态，但它不是无成本的，只是凭借面板的高科技材料将电力能值强度降低到14.5万sej/J（Brown等，2012）。

与加热过程相比，将建筑物冷却到室外空气温度以下并没有那么直观，因为必须将热量从低温室内"向上"引导至高温户外。但是它基本上模仿的是出汗的蒸发效应。如第二定律所描述的，热量只能通过其他形式的能量才能在温度梯度上移动，从而增加其他地方的熵和废热，减少建筑物内部的熵和热量。这是通过迫使材料（例如水或氟利昂）蒸发实现的，这样做降低了温度，使其可以从室内吸收热量，然后在其他地方冷凝从而升温，且可以将热量散失到环境中去。几个世纪以来，聪明的建造者采用在干燥空气中蒸发水的简单技术，其中干燥空气主要是通过风来提供，但这一过程会产生更潮湿、更不舒适的空气，因此其冷却的有效性仅局限于非常干燥的气候。19世纪，其他建设者试验了风电和间接变化技术，目前在美国西南部常见的冷却塔或"沼泽冷却器"的"节能器"循环仍然在使用这一技术。概念上，机械制冷循环与之类似，但可以利用各种发动机驱动蒸发和冷却的闭合循环，实现甚至更低的温度。

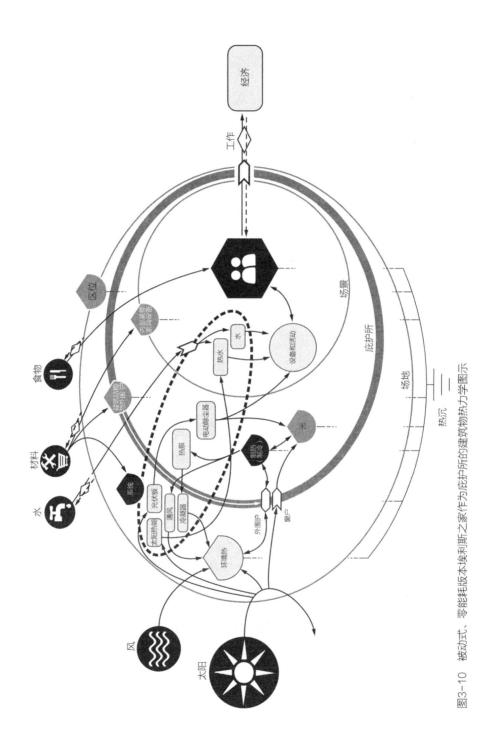

图3-10　被动式、零能耗版本埃利斯之家(作为庇护所的建筑物热力学图示)

当威利斯·开利在21世纪早期开始采用机械制冷在建筑物内用适当的速率冷却空气时，此类蒸发试验开始趋于融合（Cooper，1998）。他将卡诺热机功率与自己的湿空气热力学研究结合起来，确定了冷却和干燥美国城市夏季闷热而潮湿的空气所需的最低能量消耗。从弗兰克·劳埃德·赖特设计，1906年建成的拉金大楼，到威廉·利斯卡泽（William Lescaze）和乔治·豪（George Howe）1932年建成的费城储蓄基金会建筑，再到第二次世界大战后空调的广泛采用，建筑师测试了新空调技术对建筑物及其居住者的影响。空调最初是用来提高工人生产力的工具，由于早期被电影院采用，很快被定义为奢侈品。比较空调在家庭环境中的使用与其在商业环境中的使用，前者滞后了几十年，而且两者的性质非常不同。

班纳姆对第三代商业建筑非常感兴趣。第三代商业建筑的气候控制力量和范围有所增加，第四代和第五代使控制效率更高。热泵、制冷器、冰箱和各种热发动机都反映了卡诺最初的观点，利用受控蒸发和冷凝循环来转移环境中的热量。如果班纳姆还在世的话，肯定会支持目前地源热泵（将之称为地热会引起疑惑）的普及的，只使用少量电力就能驱动泵和压缩机将大量热量移入、移出建筑物周围的地下。设计精良的系统每消耗单位电量可以传递3~5（甚至7）个单位的热量。在许多地方，地面可以有效地存储夏季过多的热量供冬季使用，反之，冬天的冷气也可以在夏天使用。在埃利斯之家图表中记录了机械方法的主要机制和途径，这增加了其复杂性，但显示了过去75年来对人工气候调节热力学的探索程度。很多书籍和杂志都描述了机械系统的众多变化和改进，但我们的目的在于保持清晰的系统图，进而明确其环境目的。

我们需要减少或避免使用高质量电力调节建筑物的原因有很多：燃料成本、空气污染、热岛效应、气候变化和许多其他环境影响。上一节中分析证实了通过设计建筑外围护提高气候调节的效率，但这是机械和电气系统的特殊功能，并不是效率作用。效率是一种技巧，可以减少消费相关影响，但最终我们却降低或牺牲效率来提高功率。回到质量问题上，我们可以接受高质量燃料的高环境成本，尤其是电力，是因为它们具有更高的灵活性及质量。即使是埃利斯之家响应式控制的外表面模型，其舒适时间也只有92%，剩余5%~10%的时间总是需要几乎一种更为集中和可控的热传递形式——如在壁炉中燃烧木材、在中央炉中燃烧气体或通过电动热机转移出地表上的热量。完全依靠低密度能量流（如太阳和风）调节的建筑物，必须集中存储部分能量，无论是用于产生热量、电或一些其他容易挖掘的潜力。当然，这只能通过额外做功、资源和时间，增加其成本和能值含量来实现。

正是这种成本和质量之间的权衡造就了奥德姆描述的在所有形式的自组织系统中的能量使用层级，正如我们所看到的在建筑物外围护和高功率机械系统之间的不同配置。继续之前对埃利斯之家的能量强度分析，我们可以利用实际效用数据（而不是简单模型）比较加热和冷却的热贡献。原始版埃利斯之家的消耗水平与当代住宅的典型消耗水平一致，炉子只提供了全年所需热量的5.2%，而空调器的除热量与外围护相同，再一次凸显了加热和冷却之间的差异。为了评估贡献强度，我们估计在炉子、空调、布线等方面投入的做功和资源量为$1.97×10^{14}$sej/yr，而天然气的总上游成本为$1.64×10^{16}$sej/yr，电的总上游成本为$7.67×10^{15}$sej/yr。因此，从炉子提供热量的总强度为5.65万sej/J，空调器提供的冷却总强度为13.6万sej/J，而外围护用于提供热量的总强度为4700sej/J，用于提供冷却的总强度为11.3万sej/J。

按照当时经济条件下的改进策略，改进版埃利斯之家的能量使用量降低了60%以上。然而，设备、管道和布线的固定成本增加了炉子和空调的能值强度，这说明了固定成本、折旧设备以及相关特定资源或服务之间的权衡。过去200年里，我们调整了使用高质量燃料和电力的建筑和设备之间的相互作用，并根据它们上升或下降的成本改变比例。在检验了当代建筑的附加气候调节装置之后，发现了精确的层级结构，反映其随着时间的推移已经被内化为不同的环境成本。这些层级结构提供了一种强有力的设计原则，在可再生资源流经济中，可以据此设计下一代能源建筑物。

人（再一次）

威利斯·开利的发明及其对当代建筑产生的巨大影响——居住者可以驱散室内热量，影响了我们气候调节的实际目标。由于蒸发是当环境温度升高时人体冷却自身的基本方法之一，所以降低湿度很重要。第三和第四能量时代中设计暖通空调系统是为了调节建筑物内部环境使其满足统一标准要求。但是第五代建筑物的许多创新方法却聚焦于对居住者直接升温和降温，例如，地板送风空调系统（UFAD）能够在暖空气上升时简单置换，只有居住者周围的空气变得舒适。地板、墙壁或顶棚的辐射加热和冷却允许更大空气温度变化，这种情况更容易通过被动式围护策略来实现。甚至最近已经试验了加热和冷却易接触的家具表面，进一步关注舒适度的传送，允许更多人控制。值得一提的是，在人类历史中，最难实现的舒适度"传送"是通过调整着衣量实现的。

通风和废弃物处理

室内空气污染开始于第一次在洞穴或居所内生火。与建筑物庇护功能的其他方面不同，人类历史的大部分时间，室内空气质量可能都比户外更差（Mosley，2014）。建筑结构的一般渗漏和烟囱的发明减轻了建筑中污染物的积累。但是，实际上近现代时期的空气质量就已经开始恶化，原因包括大量使用煤炭加热、燃烧气体用于室内照明以及更加密实的建筑结构。班纳姆称19世纪为"黑暗的撒旦世纪"，并记录了许多医疗创新者设计、改进散热器以及由特殊通风装置的房屋和医院阻止与污染相关的疾病的流行（Campbell，2005）。19世纪后半叶，有学者研究了"闷热"的复杂性质，1905年的一篇文章很好地总结了这些因素："蒸汽或水过量、呼吸器官的不良气味、牙齿不清洁、汗水、衣服不整洁、在各种条件下存在的微生物、布满灰尘的地毯和窗帘造成的闷热空气还有许多其他因素"（Banham，1969，P42）。

随着19世纪城市规模的扩大，严重的户外污染加上贫困人口的拥挤程度引发了"清洁空气和阳光"的城市改革伦理。当然，通风只能减少室内空气污染到室外空气清洁程度，而通风量的测定又因"新鲜度"的社会性质而更加复杂。当前大范围采用的标准是从20世纪20年代发展的，并且以一个非常主观性的问题为基础：多大的通风速率会使房间里的人觉得不闷热？只要人们"嗅不到"旁边人的气味，通风率的临界阈值就会出现。个人、阶层和文化的不同可能导致不同的阈值（Janssen，1994，1999）。当代建筑中，面对高能量成本，通风率这一显著灵活性便成为建筑操作者的诱人目标，他们可以减少通风、节约风扇功率和加热或冷却室外空气所消耗的能量。20世纪70年代后期，为应对能源供应危机，建筑通风标准大幅降低。在接下来的十年内，许多建筑物开始出现"不良建筑物综合症"，其中大量居民报告可以被直接归因于通风，但是增加通风率后，症状就会减轻。

与建筑操作的其他方面一样，通风涉及多种形式的做功、能源和资源。"自然"通风是通过内部和外部之间的温差形成的风或浮力实现的，而机械通风则利用电机和风扇实现空气循环。在任一种情况下，都必须调节室外空气以匹配室内条件，可以通过间接的方式达到这种效果，比如与室内空气相混合，也可以直接通过加热、冷却和除湿。在像埃利斯之家这样的老式住宅中，主要是通过建筑接缝和裂缝渗漏实现通风的，这可以补充浴室和厨房中控制气味和湿度的风扇排出的空气。对于结构构造紧凑、体积—表面积比更大的商业建筑来说，通风方式通常是强制性的，并且是融入空气的加热和冷却系统中的。例如，在2010年，商业建筑物中通风扇占用约9%的运行能源，而新鲜空气本身就占据了15%的热负荷（US DOE，2012）。

随着住宅建筑能效的提高，通过挡风雨条、填缝和谨慎分层的施工细节可以显著减少渗漏量和热损失，这反过来会增加室内污染物的积累。一旦建筑达到被动房的紧密度标准，就必须引入类似于商业建筑中使用的专用通风系统。安装有空气系统的建筑物中经常运行该系统以满足加热、冷却负载，通风被简单地混合到回流空气中，调节后与供应空气一起进行分配。然而，在水性系统或者空调系统很少使用的高性能建筑物中，必须通过外围护中受控开口或专用风扇驱动系统单独引入空气。例如，被动房版本埃利斯之家利用连续运行的低容量系统（33L/s空气，消耗40W功率）进行通风。

通常情况下，通风只不过是一种简单的权衡方式。新鲜空气让人更健康、更快乐，但需要消耗更多能源。第五代项目的设计通风率是所需最小值的两倍或三倍，利用热交换技术减少额外调节消耗。因为排出空气依然比较舒适，可以用来加热或冷却调节进入室内的室外空气。这类热回收通风机（HRV）需要更大功率，但可以实现50%~80%的交换效率，意味着在不增加调节成本的前提下，通风率可以增加一倍。在能量回收通风器（ERV）中的过滤膜传递湿度，交换效率可以提高至95%。实际上，在被动房中的ERV通风系统将必须进行调节的空气量减少到约1.6L/s，降低通风成本。

　　但是到底是什么使空气变得新鲜呢？如果我们把视角从输送室外空气的成本转移到其实际效果上来，很明显，通风是一种废弃物处理形式，利用生物圈的化学和生物活动去除污染物，恢复气体平衡。人类对氧气的消耗只是全球碳循环中的一个微小部分，其中植物（主要是树木）通过光合作用释放氧气，而植物的衰变则会逆转二氧化碳的呼吸过程。建筑物存在的真正问题是污染物的积累：灰尘、雾、生物气溶胶、气体，尤其是挥发性有机化合物，以及人类呼吸（或开放式燃烧）产生的二氧化碳。在密封环境中（如潜艇和宇宙飞船），能量必须被消耗来"洗涤"空气中的二氧化碳和其他气体，过滤颗粒物，甚至产生补充氧气。生物圈提供的功是等量的，因此通风又为热力学图增加了两条路径，一条用于移动、调节空气，另一条用于处理空气中的废弃物。

　　自从太空探索开始以来，人们已经探索了有机空气处理系统——杰拉德·奥尼尔（Gerard O'Neill）1976年提出的旋转殖民地到生物圈Ⅱ的壮观实验和后续研究。但是，一位美国航空航天局研究人员指出，"与植物性系统相比，化学—机械系统更为紧凑，劳动密集度更低，且可靠性更强。"（Perry，2000）。与空间站相比，地面建筑实际上很难完全密封，但是从中吸取到的经验对后人却具有启发性。植物过滤系统因为使用功率密度较低的光，而不是高密度燃料，所以需要更大空间，但这恰好应该使它们的总成本低于化学—机械系统。密封环境的限制因素包括设计稳定性、孤立生态系统的相关知识及经验。地面建筑中的植物系统更像是一座花园，通过生物圈定期输入新的活力。

　　虽然温室建筑已经以各种形式存在了一千年，但是如窗台植物一样，广泛布置室内植物似乎促进了大进深商业建筑的兴起。在第一批现代建筑中，1968年纽约福特基金会建筑首次采用部分植物性通风系统，其空调系统利用布满灌木的中庭回流空气（图3-11）。后来，通过调节流经中庭的空气流控制火灾中的烟雾传播，使这种系统结构变得更加复杂，尽管人们对有机过滤的热情只随着不良建筑综合症的出现而增强。美国国防部和航空航天局在随后的几十年内调查研究了健康植物的过滤性质，到了20世纪80年代，室内办公空间植物的市场呈指数级增长。在过去十年中，已经出现垂直室内种植系统，减少了所需空间，并且在许多配置中都可以与机械通风相结合。但是如何与户外空气的使用进行比较呢？

　　一个完整的统计应包括植物、设备、安装、维护和营养的资源和做功。实际上，目前我们在做的是对比设计的室内花园成本与机械通风系统所提供的生物圈生态系统服务。蒂利（Tilley）分析了外墙种植墙（2006），其"服务"成本约为8.27×10^{12}sej/（$m^2 \cdot yr$），其中最大的投入来自人工经济。设计的墙壁不可能胜过生物圈。坎贝尔研究确定，成熟森林处理废

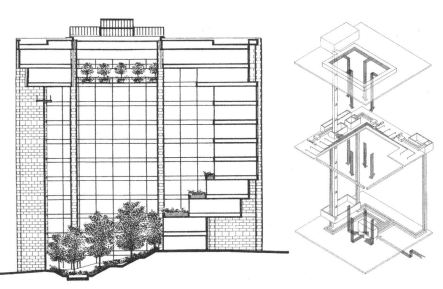

图3-11　使用回风空调进行生物过滤的福特基地植树中庭

©1968 Roche Dinkeloo Associates

弃物的效率比人工处理高10倍，但生物过滤受电力因素限制（Campbell，2014）。商业生物墙产品数据表明，泵、灯和风扇支持足够的生物墙清洁埃利斯之家（约1m²）空气需要消耗100W电力，其上游成本大大超过生物过滤。相比而言，能量回收系统（ERV）仅需要40W电力，加热、冷却引入空气需要6W电力。然而，生物墙的最大功耗是植物照明，所以如果采用自然采光，电力需求将下降到约20W，这样可以抵消室内生态系统的其他成本（图3-12）。

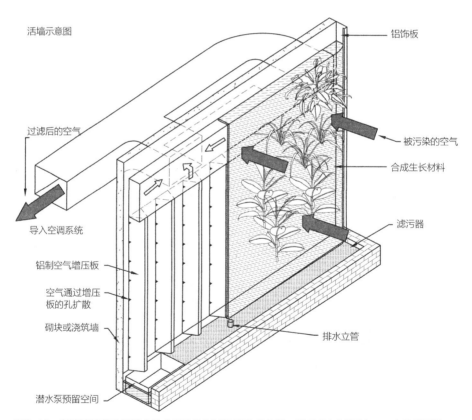

图3-12 在溶液培养种植墙中结合了生物过滤和植物修复的一种生物过滤活墙——内德劳活墙

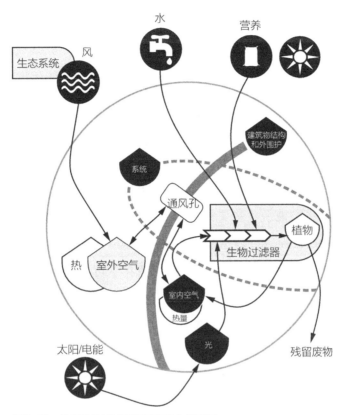

图3-13　使用生物过滤器通风的热力学图示

　　从热力学图可以看出，室外空气只能在生物圈内植物（主要是树木）的新陈代谢作用下不断循环，处理废弃物，并实现气体混合物平衡。然而，设计生物过滤系统的真正价值在于与大城市地区空气相比较。在大城市地区，密集建筑物和人们排放的污染物大大超出了当地生态系统的承载力。换句话说，城市环境中的大部分建筑物都无法获得真正的新鲜空气，只是依靠风力循环稀释积累废弃物，并利用各种机械和化学过滤来清洁通风空气（图3-13）。在这样的背景下，把污染治理内在化可以提高建筑的运行质量和城市空气质量。

照明：窗户和灯具

光不能（以光的形式）被存储，必须在其到达后才能使用，一旦被建筑物材料吸收，就可以变成热量。光和热的用途不同，但它们却形成了不可分割的能量转换级联，这同样也影响到了窗户和人工照明的设计。我们在建筑物热力学图中添加了太阳光到达并转换成热量的两条相互对抗的路径：一条直接路径是光透过窗户后进行使用；另一条间接途径是可以在需要的时候释放集中能源（主要指电力）。在这两条路径中，必须建立物质基础设施，并且必须通过输送能量提供光，其中每种方式的上游成本都不同。如大功率供热系统，"人工"光的价值在于可以存储潜能以备黑暗之需，并且精确传输。

在发明低价光源之前，我们很难理解大多数建筑物内部有多黑暗。现代社会之前，透明材料和人造能源非常昂贵，只有富人或者举行特殊活动时才能在夜里点灯。在过去的200年中，便捷的照明条件已经成为当代建筑常规服务之一——免受天气影响且能提供舒适性。而且低价照明与建筑的新尺寸、形状和专业化联系密切。可以毫不夸张地说便捷的光传输条件促进了人类文明的转型：延长了白天时间，提高了生产力，并从根本上改变了建筑物。

在人类历史的大部分时间里，光受控的年代都会伴随着壁炉、蜡烛或灯具中有机燃料的燃烧，燃烧时释放出植物固定在有机分子中，或由动物（昆虫）进一步浓缩在蜡、脂肪和油脂中的阳光储存潜能。作为比较的起点，蜡烛和油灯的光热比（可见光以lm为单位）在0.1～0.3lm/W之间，而日光可以提供90～110lm/W。换句话说，透过窗户的光线比传统光源的光线冷1000倍。在19世纪，人们理解燃烧后，选择浓度更高的燃料实现了更好的性能（Schivelbusch，1988）。例如，煤油灯和天然气灯具最初的光传递强度就已经达到1lm/W强度，大约是传统光源输出强度的10倍，但其含热量仍然比日光高出100多倍。寒冷天气下，光传输中的热量是非常受欢迎的，但通过开放形式燃烧制造光可以说是一种很混乱的方式，相比较照明而言，会产生更多热量和污染物。

20世纪初，燃烧照明变得更加清洁、有效。但随着19世纪晚期电气照明的出现，真正改进在于碳弧灯和爱迪生发明的白炽灯。电灯除了热量外，几乎不会产生其他室内污染物，虽然燃烧和释放的污染物外包给发电厂（这里大约需要燃烧三倍多的燃料才能产生1个单位的电力）。爱迪生最初发明的竹丝灯泡可以产生1.4lm/W强度的清洁照明，但转换效能不是唯一要考虑的因素。向电气照明的过渡增加了上游成本，对有机燃料来说成本增加程度算是非常大了，但是将其转换成电力时会产生浪费，这会进一步增加上游成本。如果我们将爱迪生最初发明的灯与等效能燃气灯进行比较的话，清洁电灯总能值强度（以sej/lm为单位测量）比燃气灯的能值强度高5倍。高质量照明是通过较低的总效率实现的。

19世纪的到来还预示着更为复杂的获取、分配日光的建筑技术的发展，这是该时期宏伟公共建筑的特点。从18世纪末"发明"第一个博物馆顶部天然采光开始，获取、分配日光的配置就变得日益有效、精确（Gloag，1965；Connely，1972）。在这方面，人工照明源和建筑外围护结构的共同演进不同于集中供热系统的发展，耗能技术迅速令建筑外围护的生物气候能力黯然失色。这从一方面简单反映了燃烧照明的弊端。直到20世纪20年代中期，人工照明才真正取得其主导地位，电价有所降低，且光源更为有效。

这一延迟还反映了居住者对照明特性和天然光有效性的敏感性，更低价的玻璃、高天花板、采光井、天窗、天井及改变19世纪建筑物的其他技术，这些都使天然采光成为可能。在博物馆中，顶部天然采光的复杂形式和展览用合理照明理论共同发展。在其他公共建筑普遍使用人工照明后很长一段时间内，画廊仍然抵制人工照明。进入20世纪后，蜡烛在家庭中仍然象征着高照明质量，正如在正式或仪式性场合仍然喜欢使用开放式壁炉一样（Schivelbush，1988）。对建筑物外围护物质设施或照明技术的投资远远超过最低物理成本需要，包括抵制物理变化，并同时积累社会和文化期望的配置。正如基斯勒在1939年观察到的：建筑行业还需要20~30年时间才能发生完全变化，这也符合人类代际的文化变迁规律。

20世纪初，路西菲尔（Luxfer）成功发明了棱镜玻璃，揭示了建筑物与新的照明资源之间复杂的相互作用。路西菲尔玻璃利用棱镜光学，将自然光水平地转向房间，延伸、有时还能成倍增加接收有效照明的空间深度（见图3-14）。这种玻璃的销售目标是商业建筑，可以增加楼层平面的可用深度，并且还能增加在城市紧张场地上建造建筑物的楼面面积。路西菲尔玻璃于1896年推出，直到20世纪30年代才广泛应用于工程项目，正巧这时大家都开始采用并改进爱迪生电灯。低功效、高成本降低了电灯的便利性。到1910年，爱迪生电灯的照明强度已经提高到约4.5lm/W，但住宅用电的平均成本仍然超过100¢/kWh，直到战后时期才接近现代价格，约15¢/kWh（Ayres & Warr，2009）。因此，尽管路西菲尔玻璃传递的自然光只能在白天使用，但到20世纪30年代后期改进线型荧光灯时，它与电气照明相比仍然保持着强劲的竞争力，此时电气照明的效能在1939年已经达到50lm/W。

随着电价下降，新的荧光灯最终在战后达到了自然采光效能，这几乎将建筑物从对窗户采光的需求中解放出来。这使将建筑物扩大到其场地的极限成为可能，最终使得路西菲尔时代的地板显得微不足道。随着这些第三和第四能源时代的大体量建筑成为现代城市的标准建筑，并最终成为其象征性建筑，建筑外围护结构与人工照明之间的相互作用也发生了转变。当代商业建

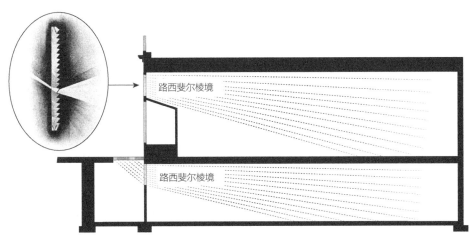

图3-14 路西斐尔棱镜玻璃改变了室内入射日光的方向，从而增大了建筑物的有效进深，1909

筑的物理尺寸和配置大大限制了自然采光的可用量，大部分室内空间离窗户太远。甚至，按规范要求当代居住建筑仍然需要为可居住房间设置窗户，但很少能够提供足够自然光满足当前的期望。实际上，大多数现代建筑物大范围减少自然光的渗透，致使现代光源几乎成为目前仅有的选择。对从根本上改变既存建筑物接受更多自然采光的高成本与替代照明技术的更低成本的比较，说明了建筑物中不同寿命层之间的差异。较慢的、更物质化的外围护结构与更快、更为非物质化的组件（如采光）之间的共同演进不仅涉及上游成本，而且还涉及建设周期和社会期望的惯性。

例如，虽然燃气照明威力强大，但19世纪的家庭仍然会保留蜡烛和开放式壁炉，与此相同，20世纪的人们对白炽灯有着强烈的社会依恋。2007年美国国会通过的节能法就提出对白炽灯的狂热（和偏执）抵制的相关规定，节能法规定，至2014年要逐步淘汰白炽灯。部分人的反应是对任何类型的法规简单地持反对意见，但大多数反应都是围绕着紧凑型荧光灯的视觉质量、闪变和预热时间展开，即便它们在性能上明显超过白炽灯。从白炽灯到荧光灯的过渡发生在60多年前较早的商业环境中，彼时经济生产力是首要关注的问题。家庭和办公之间的区别提醒我们，要注意采用新技术时涉及的复杂的社会和文化因素。从技术角度上来看，可以直接进行选择：当代白炽灯功效约为11lm/W，可持续1000h，与之相比，紧凑型荧光灯功效约为70lm/W，可持续约1.2万h。即使紧凑荧光灯成本为100美元（目前可能是5美元），考虑时间因素，其成本仍然很低，但是人们还是不喜欢使用它们。

在某种程度上，紧凑型荧光灯就意味着要实现可持续发展就必须作出某种形式的牺牲，尤其为了提高效率，而荧光灯的蹩脚颜色和预热时间是不可避免的。对60W白炽灯的怀旧情绪部分依赖于一种技术乐观主义，这种乐观主义通常站在环境导向的牺牲的对立面，有信心可以在需要的时候发明出类似白炽灯的灯泡。还有一种更具进化性的乐观主义版本以这一论据为基础：创新是丰富的，且仅需要合适的市场条件来"选择"它们。最近对发光二极管照明（LED）的改进似乎证实了这些乐观主义的某些观点。替代60W灯泡的最新LED替代品几乎在每一方面的性能（包括光色）上都能胜过紧凑型荧光灯。

确定照明总成本——无论是透过建筑物围护结构，还是灯产生的——与空调的评估相似。必须确定物质基础设施投入、能量的上游成本及其转化为光的效能模型。虽然热是光的副产品，但它最终也是窗户和灯具不可分割的共同产品，这就意味着投入建筑围护结构的做功和资源也会计入光热传递中。但考虑到成本比例，这两条途径不可能再有更多的不同。在建筑外围护结构中有大量做功和资源的投入，然而自然光本身的能值强度却为1 sej/J（根据定义）。相反，相对于电力强度来说，灯具和布线投入较小，为3.97×10^5 sej/J。将它们加在一起，来自窗户的光的能值强度为1.65×10^{10} sej/lm，与之相比，原始白炽灯光的能值强度为65.4×10^{10} sej/lm。

改进版埃利斯住宅重新使用紧凑型荧光灯照明，将能耗和人工光强度降低到10.1×10^{10}sej/lm。在被动房版本中，荧光灯被替换为LED照明，其强度略低，为9.16×10^{10}sej/lm。

随着更高性能灯具的安装我们发现在外围护结构和系统之间热贡献的同一层次结构。外围护结构强度低，但可以提供更多光线流明，而高强度灯光使用方式则更为节约。由于电力价格一直保持在较低水平，并且不能反映全部环境成本，因此进一步减少使用更高强度照明并没有经济压力。事实上，即使埃利斯之家原始版本中的白炽灯需要消耗10倍电量传输相同数量的光，但是在2005年仍然有人使用。最初埃利斯之家窗户虽然强度非常低，其常年光照量却是白炽灯的两倍，这说明了我们看到的其他资源的能量和强度间的基本比例。在改进和被动房版本中，高效灯以同样的强度使用了不到一半的能量，这使得层级结构更加显著。

改善照明是减少能耗最常见的策略之一，用某种自动化控制操作的更为有效的灯具替代较老的低效能灯具。新灯具和固定装置成本低，可以快速完成安装，并且可以大幅度降低消耗。对比自然采光与电气照明后，建筑物中能值强度的层级结构逻辑变得更加清晰。尽管自然光照明受到太阳和天气变化限制，并且需要尽可能减"薄"楼板以利于自然光穿透，但是投资持久、使用寿命长的外围护结构还是可以传递大量低强度照明。对于现有平面进深较大的建筑物，如果可能的话，需要大幅度翻新才能打开装配。相反，尽管使用较低强度能量可以减少能量成本，人工照明却可以使用轻型、短寿命设备将强度非常高的能量转换成光。在被动房版本中，光伏板电力的能值强度降低约40%，进一步提高LED照明效益，但其成本仍然是自然采光成本的很多倍。

热力图提醒我们：建筑外围护结构能满足多种目的，因此不能仅因为照明或任何其他原因而进行优化。窗户和其他孔缝是建筑表皮中最具动态性的环境方面，选择性地输导光、热、空气和视线，其中每一项都与其他过程和条件相关联。本书在开始时描述了代表当代大都市力量的全幕墙高层建筑的巨大吸引力。工作与废弃热联系密切，使照明设计与分析复杂化，这也适用于建筑中各种其他形式的工作。这种热效应是下一节的主题。

废热的浪费

建筑物越深，维护时就越依赖技巧。

——Koolhaas等，1995，P663

在之前的章节中，我们介绍了系统的特点（如热时间常数），理解调和室内温度的相互作用，并展示建筑元素是如何结合在一起工作的。因为在很大程度上我们会认为这是理所当然的，然而实际上却不能夸大这一点。正如埃利斯之家各种版本展示的那样，可以通过建筑材料正确的组构、比例和调整，在一定时间后，完成改善气候的实际工作。如果没有将建筑物中的其他热源包含进来，特别是其他形式做功所释放的废热，并不能完成对于此种动态系统的描述。使用能源系统语言将"废弃物"置于能量交换的序列之中，有助于缓和关于废弃物的道德假设，并将性能评估从狭义效率定义转向更为全面的能量描述。

我经常会回顾班纳姆关于空地木材的寓言，因为它抓住了关于建筑物中自组织和不停发展过程的某些根本性东西，这不是全然在庇护所和燃料之间进行选择，而是在效率与能量之间进行多方面权衡。建筑外围护结构所提供的服务强度较低，使其成为非常经济的选择。但其中有一个比例问题。在庇护所中应投入多少木材？无论如何，应该燃烧多少木材才能完成烹调和照明呢？能量最大化的规则不停出现于多尺度中，及长期与更难改变的投入间的相互作用中，这种相互作用调控着可用或各种输入集中能量的局部流通，所有这些最终都以热量形式呈现。

最近一个世纪以来，当代建筑物内部释放的残余热量急剧增加。结合商业和公共机构建筑物的体积—表面积比的增加，残余热量的增加已经产生了一种新热力学类型，工程师称之为"内部负荷主导"型。埃利斯之家和大多数其他具有更小、更薄和更低利用率的居住建筑，仅仅响应了气候的直接需求，天气冷时供热和天气热时制冷。但具有更高利用率和更多采光和设备量的更大建筑物，则更专注于排出其剩余热量。我们仅需思考任何大型商业建筑的无窗核心，只能通过其系统与室外气候连接，并且全年都使用空调调节，就会明白这一点。在其常规组构中，埃利斯之家是气候主导型建筑物，但当其外围护结构密封时，最终可能会使其变成内部负荷主导型建筑，这时副产品变成了难以处理的废弃物。

从气候主导型转变为内部负荷主导型取决于内部收益与外围护结构损失之间的比率。它们之间的平衡决定了建筑内部的温暖程度，或为保持其舒适须移除的热量。这对于有常规外围护结构和适度内部收益的建筑物，将仅仅是几摄氏度的小问题。但是对于外围护结构密闭程度非常高（如标准被动房）、内部收益很多（典型的商业建筑）或兼备二者的建筑物来说，这两点对室内温度的影响作用可能会很大。埃利斯之家原始版本中内部收益的升温幅度仅为4℃。如果我们将内部收益保持在同样的常规水平下，改进版本温度将升高15℃，同时将外围护结构提高至被动房标准，同样收益将使温度升高25℃。常规和被动房版本的温度图显示了从气候主导型到内部负荷主导型的转变过程（图3-15）。

由于此类计算最初是用于确定供热设备尺寸，此比率通常以相反的方式表示为室内不需要加热或冷却时室外温度所在的"平衡点"，从理想的室内温度减去温度的增加值来计算得出。同一内部收益下埃利斯之家的三个

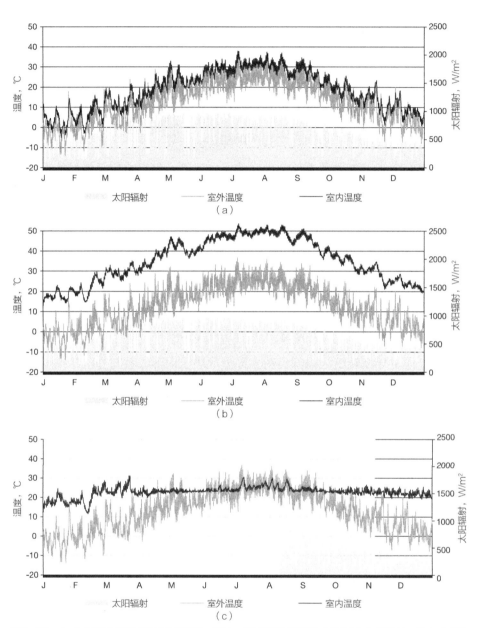

图3-15 （a）气候主导建筑的温度模拟。原始、标准版埃利斯住宅的标准内部受益；（b）内部负荷主导型建筑的温度模拟。改良版埃利斯住宅的标准内部受益；（c）负荷和增益平衡型建筑的温度模拟。积极响应管理、被动式版本埃利斯住宅的减少内部受益

版本的平衡点分别为16℃（原始版本）、5℃（改进版本）和-6℃（被动房版本）。平衡点越低，炉子需要提供的热量就越少，但是如果室外温度高于该点，建筑物将需要排出多余热量。从气候主导型到内部负荷主导类型的过渡大多发生在平衡点低于气候导致的平均室外温度（费城约13℃）时。这与人体热力学有直接的相似性，虽然更高水平的活动（更多内部收益）或更多衣物（更多绝热），可以降低我们感觉舒适的温度，其舒适的"平衡点温度"在20～24℃之间。如果温度不够低，我们必须降低活动水平，脱掉部分衣服，通过出汗加快热量损失，或者采用一些其他排出热量的方法。

如果我们将通过窗户的太阳能收益的平均量包含进来，图中将发生更剧烈的变化。埃利斯住宅原始版本几乎没有变化，但改进版的组合平衡点温度是-3℃，而被动房版本的是-24℃。实际上，灯具和设备的增长效率正如太阳能增益控制一样是效率整体提高的组成部分，因此改进版和被动房版本的内部收益按比例降低，使平衡点保持在14～15℃之间。一方面，损益之间的动态平衡说明了超级绝热的被动房方法的中心原则，另一方面，它也解释了内部负荷主导的建筑物的浪费。

图3-15中的第三幅温度图（c）显示了成比例地减少内部收益的埃利斯之家被动房版本的情况，按照需要打开、关闭窗户保持室内舒适度。密封窗户时平衡点温度为-10℃，时间常数为125h，打开、关闭窗户时平衡点温度为19℃，时间常数为20h，它会在这两个平衡点之间变化。保持内部收益与外围护结构的损失成比例，被动房版本可以利用少量建筑物状态做功和信息适应气候的变化状况。

建筑物性能之间的相互作用强化了建筑物作为动态热系统运行的论点。任何单一性能策略——增加绝热值、安装高质量窗户、安装高质量灯或设备——都能达到一定的阈值，超过此阈值后，其效果就会降低（降低舒适度或增加成本），且需要通过补偿策略进行抵消。"废弃"热的生产性使用位于间接自组织最为明显的事例中，只有超出使用其建筑的能力时，它们才能称之为废弃物。正如从气候主导型到内部负荷主导型的转化，残余热量是建筑热力学的一个关键方面。奥德姆第五个原理的实用点是：不同资源的能值强度可以揭示当建筑物为实现最大功率进行组构时层级级联的出现。问题是，当代建筑物是否有时间以这种方式进行最优化，或者是否足够快地调整反映不断变化的价格和技术。该理论认为，较高强度的资源更灵活，所以使用时可以更快适应市场变化。

我们通过确定图3-16中总结的不同资源的强度进行热分析。对于人、灯和设备释放的内部热量，整合了其不同能源的上游成本和基础设施。在埃利斯之家中产生热增益的设备可以分为天然气和电力设备，二者能值强度都非常高，但在基础设施中的投入却是适度的。人体散发的代谢能量不涉及基础

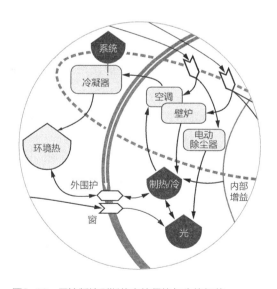

图3-16　原始版埃利斯住宅的得热与失热细节

设施成本（除非我们计算服装或厨房设备成本），而且能值强度甚至更高，这反映了当代食品生产、包装和配送的上游成本非常高。

当把此类热源能值强度添加到精确计算的外围护结构和调节系统能值强度时，会产生一个埃利斯之家中热交换的能量数量和能量强度的全谱。以散点方式将原始和被动房版本标绘在双对数图上，显示出的精确层次结构令人震惊（原始版本具有良好的统计拟合度）（图3-17）。在每一情况下，围护结构能在最低强度（约1000sej/J）提供最多热量，而各种形式的残余收益以最高强度（75万sej/J）提供最少热量。当版本中的公共设施使用减少时，层级结构保持相对稳定，反映出为保持建筑平衡的改善分布贯穿了所有范畴(照明、设备等)。层级结构既反映了上游环境成本，体现为经济价格程度，也反映了较高强度资源的相对独立程度，这有利于成本随时间变动时进行调整。

现代以来，我们一直在延展这一谱系集合：开发更高质量、高能值密集度的产品及服务，将其转译为新的建筑形式，并将其编码入新设备中扩大其力量。第三和第四能量代的大型商业和公共机构建筑物一般都是内部负荷主导型，这个事实一直都是这些新建筑类型的一种自然状况，长期以来已为人们所接受，但更加平衡的建筑物中废热的生产性使用表明这些建筑物只是简单地浪费了其废热。与模仿的成熟生态系统一样，第四和第五能量代的建筑物通过能量转换的层级级联来提高能量。

一个热力学的最小值

在结构与能量的操作解决方案、建筑外围护结构更缓慢重大的影响与浓缩能量更灵活的作用之间不停选择的过程中，出现了一个具有挑战性的性能目标：在实现其组合能量成本的一个热力学最小值的同时，提供一种当代建

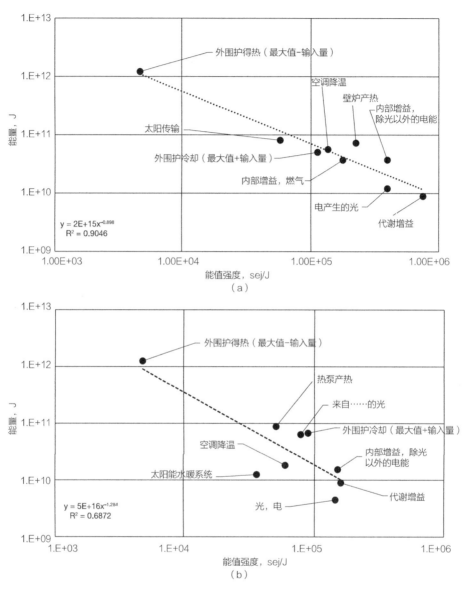

图3-17 （a）原始、标准版本埃利斯住宅中热力交换的能量—能值强度图表；（b）被动式节能零能耗版本埃利斯住宅中热力交换的能量—能值强度图表

筑服务。最小化建筑物的能值足迹可以减轻其对生物圈的负担，但实现这一目标还有许多其他途径。本章通篇介绍了庇护所建筑物的各种不同方面的历史发展：绝热、集中供热、舒适标准、各种光源、通风，可理解为达到该最小值已经进行的多种试验中的一部分。回顾最近200年激进转变的同时，我们也识别出一个符合最大功率理论的模式，该模式还强调了在竞争性安排中随着时间推移开发和测试过程的临时性及探索性。

建筑既是经过深思熟虑的个人设计决策的结果，也是具有不同目标和历史轨迹的复杂的社会、经济和文化企业的产物。帕特里克·格迪斯（Patrick Geddes）和刘易斯·芒福德（Lewis Mumford）确定了技术进化的连续阶段——前技术时代、旧技术时代和新技术时代——并将它们归因于新能源、开发利用这些能源的新技术与管理和调适它们新的社会安排间的相互作用（Geddes，1915；Mumford，1934）。第一、第二和第三能量代的建筑物利用新水平能量来探索更有效的环境控制形式。由于20世纪70年代是能源价格高峰期，燃料变得更加昂贵，第四能量代效率的提升在很大程度上是被规范强加的，这提高了建筑物全面调节气候的能力。第五能量代更具抱负的建筑物继续测试新安排来增强能力、减少影响。这个时候已经开始探索各种"相邻可能"巨大空间的变异，可以用本章开头介绍的简单热力学图和从建筑物较多、较少强度的元素间的不断调整得出来的图谱进行描述（Kauffman，2000，P142）（图3-2）。

附录B中的表格显示了三个版本的埃利斯之家的总能值成本，每个后续版本进一步减少了成本总量。第二版效能的改善大大减少了供暖、制冷、采光方面的电力和天然气耗费量，略微增加了建筑物外围护的成本，并调整了两者之间的比率，从而使公用设施的年度成本几乎与外围护成本相当。第三个零能耗被动房版本，需要增加在外围护、系统和太阳能光伏方面的投入，减少了近三分之一的公用设施调节费用，使外围护的年成本稍微高于公用设施的使用成本。在这一点上，设计优先考虑的是从能量操作型设备的效能转移到外围护中材料的强度。

能值强度谱也适用于当代建筑演变和设计策略向可再生经济转变的可视化。与建设和生活的前工业形式相比，增加从建筑材料到能源的一切事物的能值强度，使当代建筑的能值强度谱得到了持续的提高和扩展。实现完全可再生建筑的其中一条途径，就是重新组合材料、能源及前工业建筑的能值强度。在强度—数量散点图中，这意味着要大幅度向下调整谱系，使用地方性可再生材料和燃料，从而有效地回归当今碳氢化合物经济之前的农业经济（图3-18）。这些建筑物本身就教给我们很多东西，但强度谱有助于我们看到其他的可能性。自恒温器发明以来，我们可以用少量高强度资源扩大低强度环保能量效用，扩展能值谱，进一步理解建筑科学和新信息技术的目的始终在于减少消耗、增加功率。

能值成本表（附录B表B2、表B3）总结了评估庇护所建筑物性能的不同项目。最小化同一建筑和服务的能值，提供了一种基于生命周期规模评估的有效度量方式，揭示了善意活动（如更为高效的外围护和系统、"被动先于主动"及"长寿多适"）的总成本和系统局限性。然而，最大功率原则是一个长期选择原则，同时在建筑和整个系统尺度上运行。采用该原则作为建筑设计的一种方法时，我们必须牢记：庇护所建筑物也对提高其所处的更大的经济和生态系统的生产力及健康作出了贡献（或没有贡献）。即使是热力学成本最低的建筑物也必须增强其所服务的较大系统的力量和弹性，为此需要检查它们所容纳的活动以及它们服务的更大目的。

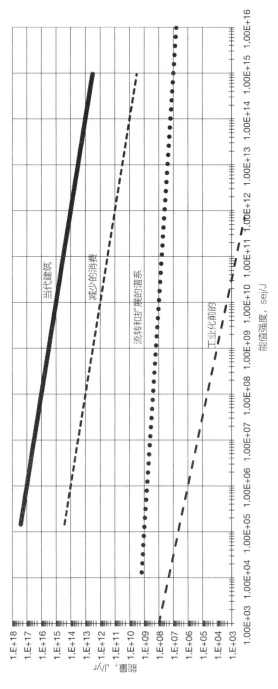

图3-18 不同体制下的能量—能值强度谱系

参考文献

1906. *Sweet's Indexed Catalogue of Building Construction*, edited by The Architectural Record Co., New York.

Ayres, Robert U., & Benjamin Warr. 2009. *The Economic Growth Engine: How Energy and Work Drive Material Prosperity*. Cheltenham: Edward Elgar.

Balcomb, J. Douglas. 1982. *Passive Solar Design Handbook*. Washington, DC: US Department of Energy.

Banham, Reyner. 1969. *The Architecture of the Well-Tempered Environment*. Chicago, IL: University of Chicago Press.

Brand, Stewart. 1994. *How Buildings Learn: What Happens After They're Built*. New York: Viking.

Brazell, David W., Lowell Dworin, & Michael Walsh. 1989. *A History of Federal Tax Depreciation Policy*. Washington, DC: Department of Treasury, Office of Tax Analysis.

Brown, M. T., & Vorasun Buranakarn. 2003. "Emergy Indices and Ratios for Sustainable Material Cycles and Recycle Options." *Resources, Conservation and Recycling* 38: 1–22.

Brown, Mark T., Marco Raugei, & Sergio Ulgiati. 2012. "On Boundaries and 'Investments' in Emergy Synthesis and LCA: A Case Study on Thermal vs. Photovoltaic Electricity." *Ecological Indicators* 15: 227–235.

Butler, Samuel. 1863. "Darwin among the Machines." *The Press Newspaper*. Christchurch, New Zealand, June 13.

Butler, Samuel. 1872. *Erewhon, or, Over the Range*. London: Trubner & Co.

Campbell, Elliott T. 2014. "Valuing Ecosystem Services from Maryland Forests using Environmental Accounting." *Ecosystem Services* 7: 141–151.

Campbell, Margaret. 2005. "What Tuberculosis did for Modernism: The Influence of a Curative Environment on Modernist Design and Architecture." *Medical History* 49: 463–488.

Connely, James L. 1972. "The Grand Gallery of the Louvre and the Museum Project: Architectural Problems." *Journal of the Society of Architectural Historians* 31: 120–132.

Cooper, Gail. 1998. *Air-Conditioning America: Engineers and the Controlled Environment, 1900–1960*. Baltimore, MD: Johns Hopkins Press.

Darwin, Charles. 1859. *The Origin of Species by Means of Natural Selection, or, the Preservation of Favored Races in the Struggle for Life*. Philadelphia, PA: John Wanamaker.

Duffy, Frank. 1964. "Bürolandschaft." *Architectural Review* (September 1987): 31–39.

Fitch, James Marston. 1972. *American Building: The Environmental Forces That Shaped It*, 2nd ed. New York: Schoecken Books.

Geddes, Patrick. 1915. *Cities in Evolution: An Introduction to the Town Planning Movement and to the Study of Cities*. London: Williams & Norgate.

Georgescu-Roegen, Nicholas. 1971. *The Entropy Law and the Economic Process*. Cambridge, MA: Harvard University Press.

Giedion, Siegfried. 1948. *Mechanization Takes Command: A Contribution to Anonymous History*. New York: W. W. Norton.

Gloag, H. L. 1965. *Museum and Art Gallery Design, a Short History of the Daylighting of Art Galleries*. Garston: Building Research Station.

Gottschalk, Ottomar. 1968. *Flexible Verwaltungsbauten: Planung, Funktion, Flächen, Ausbau, Einrichtung, Kosten, Beispiele*. Quickborn: Verlag Schnelle.

Hawkes, Dean. 1996. *The Environmental Tradition: Studies in the Architecture of Environment*. London: Taylor & Francis.

Hinte, Ed van and Marc Neelen. 2003. *Smart Architecture.* Rotterdam: 010 Publishers.

Janssen, John E. 1994. "The Centennial Series – The V in ASHRAE, an Historical Perspective." *ASHRAE Journal* 36(8): 126–132.

Janssen, John E. 1999. "The History of Ventilation and Temperature Control." *ASHRAE Journal* 41(10): 47–52.

Kauffman, Stuart. 2000. *Investigations*: Oxford University Press.

Koolhaas, Rem, Office for Metropolitan Architecture, & Bruce Mau. 1995. *Small, Medium, Large, Extra-large*. New York: Monacelli Press.

Lundin, Lena. 1992. *On Building: Related Causes of the Sick Building Syndrome*. Stockholm: Almqvist & Wiksell International.

Mazria, Ed. 1980. *The Passive Solar Energy Book*. Emmaus, PA: Rodale Press.

McDonough, William, & Michael Braungart. 2002. *Cradle to Cradle: Remaking the Way We Make Things*. New York: North Point Press.

Mosley, Stephen. 2014. "Environmental History of Air Pollution." In *Encyclopedia of Life Support Systems*. Paris: Eolss Publishers.

Mumford, Lewis. 1934. *Technics and Civilization*. New York: Harcourt Brace & World.

Oldfield, Philip, Dario Trabucco, & Antony Wood. 2009. "Five Energy Generations of Tall Buildings: An Historical Analysis of Energy Consumption in High-Rise Buildings." *Journal of Architecture* 14(5): 591–613.

Ozenfant, Amédée, and Le Corbusier (Charles-Edouard Jeanneret). 1921. "Le Purisme." *L'Esprit Nouveau* 4:369–386.

Perry, Jay. 2000. NASA Environmental Control and Life Support Systems (ECLSS) project.

Schivelbusch, Wolfgang. 1988. *Disenchanted Night: The Industrialization of Light in the Nineteenth Century*. Berkeley, CA: University of California Press.

Sonderegger, Robert. 1977. *Dynamic Models of House Heating Based on Equivalent Thermal Parameters*. PhD dissertation, Princeton University.

Srinivasan, Ravi S., Wesley Ingwersen, Christian Trucco, Robert Ries, and Daniel E. Campbell. 2014. "Comparison of energy-based indicators used in life cycle assessment tools for buildings." *Building and Environment* 79:138–151.

Srinivasan, Ravi S., William W. Braham, Daniel E. Campbell, & Charlie D. Curcija. 2012. "Re(De)fining Net Zero Energy: Renewable Emergy Balance in Environmental Building Design." *Building and Environment* 47: 300–315.

Ternoey, Steven, Larry Bickle, Claude L. Robbins, Robert Busch, & Kit McCord. 1985. *The Design of Energy Responsive Commercial Buildings*. New York: Solar Energy Research Institute/Wiley-Interscience.

Tilley, David R. 2006. "National Metabolism and Communications Technology Development in the United States, 1790–2000." *Environment and History* 12: 165–190.

US Congress. 2007. *Energy Independence and Security Act*. In *Public Law* 110–140.

US DOE. 2012. *2011 Buildings Energy Data Book*: Buildings Technologies Program. US Department of Energy.

US EPA. 2009. *Estimating 2003 Building-Related Construction and Demolition Materials Amounts*, edited by Office of Resource Conservation and Recovery. US Environmental Protection Agency.

图4-1 弗莱德·麦克纳布（Fred McNabb）预言性的《未来之家》（1956）预言了几乎一切出现在现代美国住宅中的东西，从微波炉到可视电话（skype），虽然目前私人直升机还未普及并且他没有预期到移动、手持"屏幕"——手机的出现

第四章

作为生活和工作场景的建筑

我曾经住在一个非常高效的"单人"公寓，房间非常小，从浴缸里甚至可以看到起居室的电视。然而公寓中唯一的水槽也在浴室里，那时我常常会想在小厨房中再设计一个水槽盛餐具得花费多少工作。但是，在公寓里"添加"电视很容易，添加水槽却没有那么简单。水是大量性的，且具有腐蚀性，一旦变"脏"后，必须清除。浴缸和厕所花了50多年才进入大多数美国家庭，而电视仅用了十年的时间。这说明了所涉及材料数量不同，它们用于服务的"工作"种类也就不同。1956年的未来之家（图4-1）安装有各式各样的屏幕，随着20世纪生产力的提高，如今美国人的休闲时间增加，大多数人选择观看各种屏幕休闲娱乐。考虑建筑物启用、支持的活动时，减少消耗和减轻污染的环境要求成为一个关于人们花费时间做什么及工作、洗澡、吃饭和看电视的不同成本的问题。

建筑物内的各种活动要消耗大量各种资源，可以根据非物质化图谱来组织——从严重污水管理到目前利用无线局域网传输的媒体的看似轻松的采样。该资源流谱利用电力、信息等浓缩资源加强并调节水、食品和物资的传送，支撑着所有杂乱的生活工作。开始详细阐述建筑内活动的热力学图时，可将做功和资源流分为两大类别——"物质服务"和"浓缩能量"。这两类事物绝不是完全分离的，每种物质服务都一定程度地涉及浓缩能量，甚至最非物质化形式的能量或信息也需要物质载体，可以根据其能值强度及使用后的残留物进行区分。一般来说，物质服务会导致必须进行管理和清除的降解物和污染物，而能量和信息浓缩流因在集中过程中摆脱了其重量和污染物质而更清洁、灵活。

用物质服务、浓缩能量和信息取代人力，可以减少工作时间，增强人类的能力，这同时适用于家庭和工作场所（Cpwam，1983）。例如，随着每一种新能源的引进，烹饪形式已经从燃烧木材的炉灶发展到煤气灶、电烤炉、微波炉和感应炉，每种形式都比被取代的形式更高效、清洁，但却需要更高质量的能量。运输中用季节性的冰制作的冰盒取代了冰窖，反过来又被电冰箱所取代。厨房设备的发展减少了所需的实际劳动或者人员数量，逐步将厨房从生产用房转变为消耗用房。洗衣服或清洁地板的人力劳动也因为洗衣机、滚筒烘干机和吸尘器的使用而减少了，每种设备都有创新和发展的历史，同时需要更多能量及建筑物中的各种空间。

相比家庭工作，商业建筑中的工作已经得到更迅速、更完全的重塑。浓缩能量和信息形式，可以将工坊转变为工厂和办公室，并可以通过推进更专业的工作形式和层级管理结构提高生产力。商业建筑尺度增大了，其建造材料也更精致了，可分为各种高度专业化的类型和配置。内部负荷主导型建筑的出现是这些转变的一个非预期结果，将人力和能量集中于当代工作场减少浪费，提高经济生产力。建构货币热力学作用完成了浓缩能量谱。

建筑物为经济运转提供了工作场景，将生产和消费连接至无尽的供求循环中。目前，商业、工业和住宅建筑是完全不同的类型，但正如人类学家托马斯·亚伯（Thomas Abel）所言，同一个人可以在这一刻是生产者，下一个时刻却又成了消费者（Abel，2004）。这些角色从来没有完全分开过，并且主要是作为经济分析的一种抽象形式存在。检查场景建筑及其对人类活动的支持，可将许多不同生产或消费行为置于其完整的环境背景中。

物质服务

向建筑物输送淡水的行为说明：为获得任何有用资源消耗的"免费"环境做功，同时也是建筑物为其提供场景而进行的深刻社会和技术活动。由于水可触（且较重），导致其能值强度比富能燃料更高，并且与洗涤、烹饪、清洁和污水输送等日常活动紧密相关，这使消费、技术和社会惯例的共同演化变得显而易见。

在人类历史的大部分时间里，人可以分为两类：那些为自己运送日常用水的人，以及少数让别人为自己运水的人。在特别富裕时期，水偶尔会直接运送到使用者所在的地方。罗马帝国时期，通过管道将水输送到喷泉、公寓楼、浴室和富裕的住户。在杰文斯悖论的另一个例子中，减少送水工作量将会显著增加每天的使用量。自己运送水的人通常每天饮用、烹饪、洗澡和清洁会使用1~3gal的水，水通过管道输入时，在罗马每人每天使用15~150gal（Hansen，2014）。查尔斯·狄更斯（Charles Dickens）1842年参观费城的第一个现代供水系统时，记录下了相同的效应：

> 费城的淡水供应最为丰富，城内供应大量淡水，用于淋浴、喷洒，到处都在用水、泼水。城市附近高地上兼具使用性和装饰性的自来水厂被规划成一个公园，别有风味，同时还保持了最优良、整齐的秩序。河

流在此处停下来，通过其自身能量进入某种高压水箱或水库，所以整个城市到房屋顶层的供水费用非常小

——Dickens，1874，P142

在狄更斯访问30年前建成的水厂（正式名称为费尔芒特自来水厂）后，该水厂迅速成为全世界城市水系统的典例，随着压力和管道供应系统的安装，用水量也随之增长。住户和企业使用管道后，一部分用水损失于分配的渗漏系统中。20世纪以前，用水量很好计量，因此人们基本上在自由地探索水的使用，这是之前的人们，即使是最富有的人，也不曾想到的。

这一转变是对技术创新的经典描述，其中精巧的机械（或水力学）装置代替人类劳动，并且极大地增加了能够完成的工作（或供水）量。从19世纪引领第一次工业革命的蒸汽机发展至挖掘地下水位以下的矿井中抽水是适宜的。为满足不断增长的煤炭需求而开发的这种独创性技术不仅需要更多的煤炭来运行，还需要更快速地使用像淡水一样的其他资源。

费城第一个自来水厂是蒸汽机启动的，只有需求超过其供水能力时，才能重新安置。由于提供淡水、吸收废弃物要同步进行，用水会导致生态系统能力紧缩，所以水的摄入延伸至上游，分配变得更为有效，但消费也将持续增长（Lewis，1924）。1900年一份报告记录指出："费城日均水消费量已经从1860年的人均36gal上升至1897年的215gal"，所以市政工程师想要安装计量表，帮助调节使用价格（Beardsley，1900，P119）。在工程报告中，这些消费的急剧增长看上去可能十分抽象，但对于理解数百加仑计的水突然流进住户和商业导致的相应个人行为中的急剧变化却是十分重要的。

从其最根本的意义上看，这种文化变迁改变了水和用水事物的清洁概念。在《机械化统领一切》的最后一章中，西格弗里德·吉迪恩通过比较现

代浴缸的历史与古代公共沐浴习惯考察了这种变迁（Giedion，1948）。可以从18世纪晚期一篇日记中发现对变迁到现代清洁形式的深度说明，那时费城刚开始进行便捷可用水的试验：

> 1798年夏天，贵格教富商亨利·德林克（Henry Drinker）在他的费城联排别墅后院中安装了一个淋浴箱。第二年7月1日，他当时65岁的妻子伊丽莎白第一次走进淋浴箱。她在日记中写道："我承认它比预期的要更好"，"过去的28年中，从来没有突然就全身湿透"
>
> ——Bushman & Bushman 1998，P1214

在全身浸泡洗浴方式盛行的今天，我们很难想象这种如此不同的清洁方法。这种变化不是突然就发生了，每个地方的发展速度也不同。但考虑21世纪环境建筑中资源（如水）起到的作用时，非常有必要理解用水新技术中涉及的习惯、栖息地及居民的用水量演化。

特殊技术校准和公共健康法规的出现是这种演化过程中的一个关键门槛。显然，供水系统的安装先于污水系统的建设，有的甚至超前几十年。之前是简单地将脏水倒入既存院落、旱厕和排水沟中，直到它们泛滥溢出造成大量健康问题。封闭污水管的安装完善了现代给排水系统，使用一套管道用于净水，另一套用于脏水。一旦这校准了两个系统，将脏水排水管安装在输送净水的水龙头下面时，就会加快用水速度。公共健康官员很快认识到连接两个系统带来的危险——脏水会意外虹吸回给水管，因此规定了水龙头底面与浴盆或洗涤槽顶面之间预留出的最小"空气间隙"。水龙头和排水管之间的这种校准及其卫生间隙，标志着最大化地将净水转化为脏水的强大新技术的实现：用户只需要打开水龙头就可以。

供水

通过现代管道传送的淡水需要两种基本工作。第一是最物理化的提升和传送工作，而第二种大体上是蒸馏和净化的生物化学工作。大多数市政供水系统最基本的工作是传送处理后的水，从湖、河及地下含水层中抽出，过滤掉悬浮微粒，然后在压力作用下通过巨大的供水设施进行泵送。供水的经济成本，无论通过税收还是分户计量支付，都涵盖了建设和运营该水利企业的工作，但在淡水稀缺的地区，"咸水淡化"的价值十分地明显。比较而言，可以使用大量热量煮沸、冷凝进行蒸馏，净化咸水，也可以使用泵极高压力作用下的反渗透进行净化提纯，泵所用电力是仅运送淡水所用电力的10多倍。

即使市政工程师能够净化海水来补充甚至取代淡水供应，其成本仍然很高，说明向湖泊、河流输送淡水时生物圈需要做的功非常多。正如建筑物建设中所使用的精炼材料一样，实现水的淡化，也是需要生物圈或技术圈的做功来实现的。安德烈斯·布恩费尔（Andres Buenfil）写了一份对比分析报告，阐述了佛罗里达州从地表水的市政输送到海水淡化、家庭过滤及瓶装水的淡水供应系统（Buenfil，2001）。供水系统通用图表中将生物圈的做功从人类经济的做功中区分开来（图4-2），水简明地说明了市场定价对于评价环境资源的局限。生物圈做功较少的地区，淡水供应也较少，成本较高。

布恩费尔的研究中，最廉价的水供应是从湖中抽取淡水的市政系统，大约每立方米水需要1×10^{12}sej。用反渗透技术处理含盐水成本翻倍，而使用海水作为资源的系统则需要相当于超过7倍的工作量。这在很大程度上证实了经济成本的传统工程分级的合理性，但凸显了生态系统服务的贡献及维持既有水域健康的价值。更令人惊讶的是布恩费尔对从过滤和煮沸地下水到后院中太阳能蒸馏的个体家用水处理成本的分析，主要由于市政设施中实现的规模经济，个体水处理成本是较大系统的25~100倍。

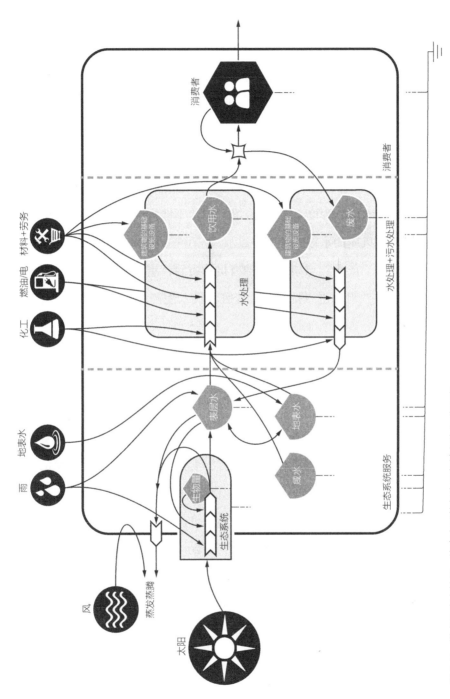

图4-2 供水和废水处理，将生态系统行为和经济行为区分开来

127

输送淡水最昂贵的方法是塑料瓶装水，这点并不足为奇，即使是从当地淡水源中抽取水，每升水也需要相当于超过150倍的总做功和材料。结果证明，使用柴油驱动货车运送水要远远贵于管道泵送水。

瓶装水是最奢侈且低效的可用淡水形式。只有在社会和经济组织发展到较大规模后，才能理解瓶装水的使用（见第5章），这时财富符号就获得了意义，纯净感知就被赋予了价值。水的清洁度说明了生物必需品和真实环境成本接纳额外社会价值的方式。水一经使用，无论使用程度多轻，就会被认为是脏水（尽管脏水也有程度），并且在净化之前不能再使用。携带食物和人类废弃物细菌和有机质的水被认为是"黑水"，而洗衣机、浴缸、淋浴或卫生间排出的水被称为"灰水"。只有过滤掉有机物质后，用于冲厕所的灰水才能循环。换句话说，一旦水进入排水口、变脏，投入生产淡水的做功和资源就会全部消散。

废水处理

只有洁净到足以返回到当地水道的程度，水的成本才能完整。例如"厕所到水龙头"的过程中，也可以用反渗透处理污水。尽管如圣地亚哥的一位县级官员所说，它仍然是"你可以创造的最昂贵的水的种类之一"（Archibole，2007），但需要的做功在一定程度上比脱盐要少。过滤实际上仅是水循环工程的最后一步，这一处理过程出现于1948年，第一部《联邦水污染控制法案》规定废水可以倾倒入水道，这引发了美国市政实践中一个史诗级的转变。1972年修正案（现称为《清洁水法案》）对此作出进一步规定，不得向水系统和通航水域倾倒未经处理的污水或任何污染物，并要求废水达到新的处理标准——主要是消除可生物降解的有机物。

　　大多数废水处理工作都在常规处理厂的储水池进行，借助类似于在天然水道中发现的微生物将有机物质作为食物消耗掉。在水返回水道之前中和废弃物，通常在这里抽取水。一句众所周知的城市格言声称，主要城市的河水"在水源与海之间饮用七次"，但从污水到饮用水的每一步都非常有必要考虑清洁（Foundation for Water Research，2008）。圣地亚哥市政府最终决定将其渗透过滤的污水泵送到当地含水层中，实际纯度要比随后作为饮用水被抽回时低。然而，以这种方式"洗涤"更能充分满足公众对清洁的信念。

　　这一认识很具有吸引力：我们将水文循环的自然过程中输送清洁用水的过程中的服务算作"免费"的，而不承认必须为其付费的工程服务。或许公平的自然胜过不完美的人，但这种区别凸显了常识和自然资源的经济交换价值之间的差异。只要人类对河水的使用保持在水道自身净化能力的范围内，交换价值或多或少地都能反映获取和输送水所做的功。但一旦其超出更新能力，消耗速度超越这些限制，真正的净化和输送水的成本将以再生产这种自然过程所要求的工作和能量的形式变得显而易见。

　　在热力图中增加废水处理，完成了与淡水相关的成本核算，并且它涉及有机废弃物中可观的未开发能量势的耗散（见图4-2）。在对传统污水处理厂的一项研究中，专家们估计：以这种方式处理每立方米废水需要消耗$1.25×10^{12}～8×10^{12}$sej能量，与起初净化水所需工作的规模相当（Vassallo等，2009）。几乎所有这些残留潜能都是食物循环的残留物，无论是厨房废弃物还是人类消化后的残留物。在常规安排中，两个循环是连接在一起的，淡水可以将厨房和厕所废弃物运送到污水处理厂。据估计，标准污水含有大约$56×10^6$J/m³的残余能量，可以转化为天然气或电力，或在其他生物过程中用作食物或肥料。如果食物和水的循环被分离，去除有机废弃物去堆肥，净化剩余水的成本相当低。在埃利斯之家的改进版本和被动房版本中，尽管必须引入像堆肥厕所或"生活机器"这样的分离设施处理更脏的废弃物，降低的厨房能值成本中的一部分却来自固体食物废弃物堆肥。

水是化学转化及热和物质传递的一种强大介质，是构成大多数生物活动所必须的部分，也同样深深盘绕在社会和符号活动中。供水和污水基础设施经过19～20世纪发展后，用水速度急剧增加，建筑物内容纳的水流按比例增长。从固定管道装置、管道到保持湿度所必须的专门房间和罩面层，供应水已经成为当代建筑整体不可分割的一部分，集中体现了场景建筑物和庇护所建筑物之间的差异。虽然不能完全区分开庇护所和场景，但供水和水处理的热力学评价是对其支撑的工作和生活活动进行评价，以环境做功兑换人类做功。

用水标准与人类工作价值与社会协商形成的清洁和奢侈认识是密切相关的。热力学评价为实际淡水成本提供了一种度量方式。水龙头和排水管的技术校准及水低廉的经济成本为超出水域能力的用水建立了条件。诸如盥洗室、洗碗机和洗衣机这样的装置已经稳步变得更加高效，可使用较少的水提供相同服务。另一种替代方法是重新设计装置和操作方法。一个简单的例子就是中断水龙头和排水塞间的校准，比如高端厨房的面条锅水龙头。一个装满的锅必须被带到带有排水管的水槽中清空，这需要人工，但可将水的使用速度减缓。

制作热力学交换表明细可以方便我们评估淡水供应的实际成本，并设想从新效率形式到新循环种类再到新的技术安排的新方法。在最初埃利斯之家中，水及其处理的能值成本约占建筑总量的1%，用于厨房、浴室和洗衣房的需水活动。废水处理成本比加热成本要高很多，进一步强化了水的有用性在于其可以排出废弃物这一观点。

食物供应

　　食物供应与大多数建筑物运营整体的构成之间的联系似乎不是那么密切，但正如在前面章节所阐释的，为人类提供"燃料"的食物与建筑物中的所有其他热力流都有关。建筑物必须进行管理的最基本的内部热量形式由人们消耗的食物转化而来，而部分最大水流则用于运输食物转化为人类做功和热量后剩余的有机废弃物。某些类型的建筑物——住宅、食品店和餐馆——有明确的存储和加工食物能力，但是还有一大部分食物在每栋人类居住建筑物中转化。在埃利斯之家中，食物的能值成本约占总量的90%：如果将用于准备和服务食物的所有其他资源包含进来，其成本约占家庭使用的做功和资源的20%。

　　厨房中的食物绝对位于工业食物链顶端，说明了层级性的能量集中和消散。正如乔治·巴塔耶在第二次世界大战期间观察法国人民时发现，食物稀缺时，人们可以简单地选择处于食物链较低处进食（Bataille，1988），肉类成为奢侈品。现代化燃料和施肥方式带来的密集型农业增加了金字塔各层级的能量和资源。运输、仓储和配送相关费用增加了这些成本，使当代加工食品成为可用的最高精炼"燃料"。在瑞典一项食品生产研究中，消费食品的平均能值强度估计在农场为16万sej/J，在消费地点为75万sej/J，这反映了包装成本和配送成本。不同食物中，能值强度的范围从商业生产蔬菜的20万sej/J到牛肉等肉类的173万sej/J（Johansson等，1999）。

　　在热力学图中，居住者将各种强度的食物流消耗并转化为做功、热、有机废弃物和垃圾。人们可以在建筑物中储存和准备食物，但需要消耗额外的工作和燃料，或者可以进行加工、包装，方便直接消费，这一切都取决于建筑物的类型。这种物质流的核心方面是时间和便利性，如清洁问题一样，它们是由社会和经济组织而不是单一资源效率驱动的。自动售货机中的糖果条

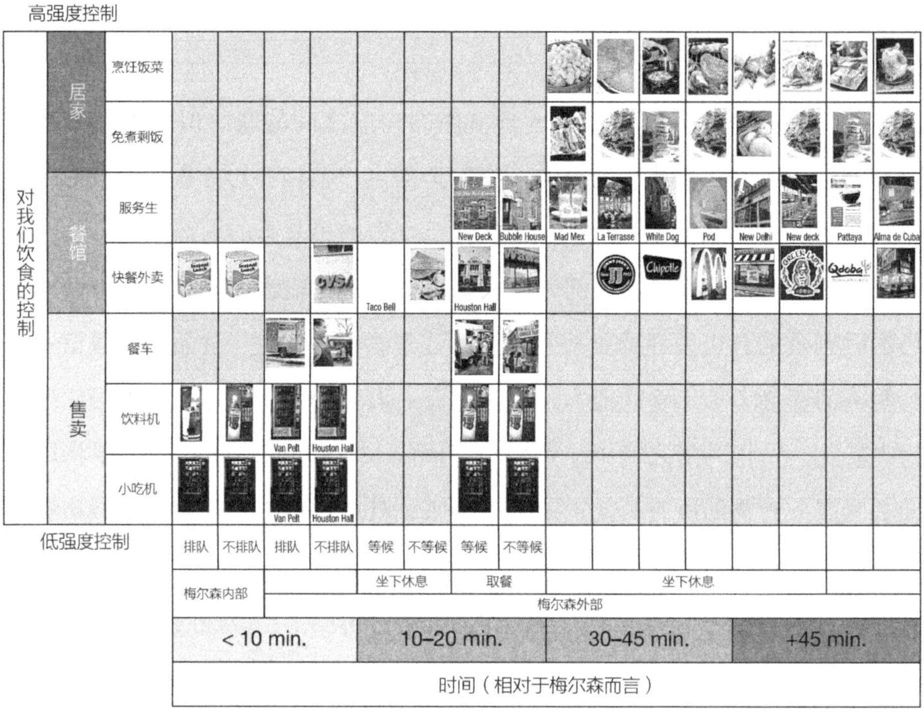
高强度控制
对我们饮食的控制
居家
烹饪饭菜
免煮剩饭
餐馆
服务生
快餐外卖
售卖
餐车
饮料机
小吃机
New Deck
Bubble House
Mad Mex
La Terrasse
White Dog
Pod
New Delhi
New deck
Pattaya
Alma de Cuba
Taco Bell
Houston Hall
Van Pelt
Houston Hall
Van Pelt
Houston Hall
低强度控制
排队
不排队
排队
不排队
等候
不等候
等候
不等候
坐下休息
取餐
坐下休息
梅尔森内部
梅尔森外部
< 10 min.
10–20 min.
30–45 min.
+45 min.
时间（相对于梅尔森而言）

图4-3 梅尔森音乐厅附近的时间分析和食品供应的分类学（对照每分钟消耗的卡路里）

Blomeier 等，2009

是最为密集的食物形式之一，同时也传送最快的可用热量。可以根据准备时间阐述食物质量的不同层级——从在家里以低强度食品准备的一顿饭跨越到咖啡馆、小卖店、街头食品车上传送准备好的食品，一直向上到自动售货机的高速餐饮（图4–3）。

日常用品和固体废弃物

代表材料流最终范畴的日常用品和固体废弃物包括从服装、书籍和媒体到商业或工业处理材料的一切内容。人们很难追踪到其细节内容，特别是因为最近两个世纪里家庭和企业的消费量已经过度膨胀，并且大部分都是一次性消费。大多数经过建筑物的材料和产品都涉及部分家具、装置或设备形式，并且用热力学术语来说，场景建筑物可以理解为从复杂材料流中提取有用潜能的布置。如果可以将供水系统称为将清洁水转变为脏水的"技术"的话，建筑物则可以被称为将有用材料转变为垃圾的"机器"。

即便我们掌握了材料或产品的确切数量，也很难确定生产长链中的工作和资源，但对于某些建筑物来说，是可以利用正常的核算程序来跟踪这些能量流的。目前，我们正在组织更多这种数据促成碳核算、蕴含能源计算及生命周期评估，但最简单的方法是前面介绍的确定各种不同类型供应花费金额的投入——产出分析形式。可以利用项目运行经济中每美元的平均能值将货币流转换为热力学强度。美国家庭花费在这类供应品上的收入比例在过去十年中有所下降，他们喜欢更持久的产品。然而，对于各版本的埃利斯之家，一年中消耗的"非持久"用品仍然占作为场景的建筑物的能值成本的近三分之一（美国劳动部）。

各种资源和过程物品在废弃物流中混合在一起。这种简单的混合是投资于流经建筑物的产品和材料的工作和资源耗散的第一阶段。第二阶段是分解或腐蚀材料中的能量浓度的损失。对于这两个阶段，威廉·麦克唐纳（William McDonough）和迈克尔·布朗嘉（Michael Braungart）提出了简单建议，有助于剖析大部分复杂性。他们在《从摇篮到摇篮》一书中，将"生物的"和"技术的"材料进行区别，论证它们属于两种不同的"代谢"（McDonough & Braungart, 2002），并写道：生物材料可以在生物圈中被"土壤中的微生物和其他动物消耗"，而技术材料是所有那些难以消化的或有毒的物质，但可作为技术范畴的"营养"产生作用。保持这两种代谢的分离将保存废弃物中所蕴含的一些价值。

根据分离生物和技术流的建议，可以通过与完善生态中营养物质的再循环进行类比后，主张消除"废弃物概念"论点的一部分，在这里"废弃物等同于食物"（McDonough & Braungart，2002，P92）。材料在成熟的生态系统确实几乎可以完全再循环，但使用或再使用材料消耗的做功却实现不了。也可以这样通过类比来理解，它忽略了与每种消费和排泄行为伴随发生的潜能的不可逆转消耗。对于每一次能量转换，一些潜能最终都变为低水平热量，无法进一步使用，所以一些再循环或再利用策略将比其他形式更有效。在固体废弃物处理的常规形式中，所有废弃物都合并和存储于密封填埋场中，随着时间的推移缓慢降解。在这些厌氧条件下，有机材料能产生甲烷，可以用于燃烧产生热或用于驱动一些其他过程。然而技术材料仍然分布于填埋场中。一个替代处理策略是焚烧，通常与蒸汽生产（"垃圾到蒸汽"）相结合，回收废弃物中的更多潜能，并减少其体积。释放技术材料热潜能时，燃烧的温度非常高，并且还可以中和许多有毒物质。

在最近一项对比可以回收甲烷的填埋方式和焚烧研究中，凸显了这两种处理方法中的差异（Cherubini等，2008）。即使燃烧甲烷后再发电，填埋在很大程度上还是一种耗散废弃物物理潜能的方法，而焚烧回收能量则能大大超过该过程中的能量投入。依据净能值结果，投入该过程的工作和资源减少了回收的能量，填埋导致净亏损4.21×10^8 sej/J，而焚烧产生净收益3.84亿sej/g。然而，这些对比不包括废弃物流中的材料生产中所蕴含的原始工作和资源，而这些又是相当可观的。对埃利斯之家来说，适度年度用品供应流的原始热力学成本是焚烧回收热量的14倍，这意味着这些材料和产品的所有价值都只能转化成少量的热。对于面对堆积成山的固体废弃物的市民来说，焚烧可能是比填埋更好的选择。然而，材料越是被分离、转移到上游，所留存的热力学潜能就越大。

有用材料分离可以发生在流的许多阶段，特别是当环保人士和建筑经营者寻求容纳不同材料和产品容器扩散时，这在近几十年间是一个重要的设计挑战。分离可用可循环技术材料合成的生物材料是其中一个基本步骤，并且必须将这种材料与被人类学家玛丽·道格拉斯（Mary Douglas）称为"位置不当之物"的广泛范畴中各种形式的脏物区分出来（Douglas 1966）。干净材料的杂乱混合物（你愿意把手伸进去的）不同于包含湿气、腐烂和气味的混合物。一直以来人们都很厌恶粪便，这容易使我们将这种厌恶情绪转移到任何形式的废弃物上。当前材料分离的大多数方法，包括一些编码或标记，都增加了废弃物容器的数量，并且都保留混合和腐烂废弃物的一些缺陷。

有机循环的转变力量，如前面提到的水道中排放污水的最终"清洗"，表明了一些可能实现该转变能力的方法。当生物材料用于堆肥时，微生物已经完成其初始工作后会有一个关键点，可以像识别土壤类型一样轻易识别结果。这个过程在将危险污秽形式转化为有用且可以接受的物质时，几乎可以说是一种神学，这种物质没有干净到能放到桌面上的程度，而受到不同形式的社会规范的约束（Hillman，2000；Greer，2008）。正如麦克唐纳和布朗嘉的工作已证明的一样，重新设计产品和过程本身可以通过消除废弃物类别，促进循环，实现大幅度改善。很多流经建筑物的产品和材料都可以依据寿命分离建筑组件，采用更有效的维护和更新。

埃利斯之家中物质流的能值核算量化了当代建筑中高品质"物品"的巨大吞吐量，它们转化为废弃物，消耗了投入于其生产的工作。即使每一点材料都被回收或再利用，为支持在建筑物中的工作损失，一些能量也是必要的。向热力图中增加供给的固体废弃物，显示出物质服务中许多"关闭循环圈"的机会。在下一节中，它们在浓缩更高质能量的大过程中的作用将得以展现。

浓缩能量

据能源信息署（EIA）数据，在美国大约42％的一次能源用于建筑物或建筑内部（EIA 2012）。大约60％用于改善气候——加热、制冷、通风和照明。其余40％用于建筑物内部进行的一些活动。这些统计数据已得到广泛传播，人们经常引用这些数据证明建筑物在能源政策中的重要性。但正如前几节所证明的，在许多其他资源和服务中也存在巨大的潜能传送。能量系统语言和能值核算将具有良好记录的一次性浓缩能源流和其支持、驱动的许多其他工作和资源形式联系在一起。浓缩过程本身就是理解长期发展而来的能源质量层次结构和生产更为精炼、浓缩的能源时取得的技术、经济成果的关键。

高质量燃料和电力中传送的浓缩能量几乎改变了建筑建设和运行的各个方面，其高量密度（J/kg）使其更具便携性和灵活性，同时还具有高价值和有用性。但这些优点的上游成本很高，相应地，能值强度也很高。与水、食物或其他用品一起，潜能完全与材料的输送和状态密切联系在一起。能量的浓缩减少了必须处理和有废弃物要清除的材料的直接量，但即使是最浓缩的能量形式最终也会用于重新安排其他材料。当我们会根据不同工作性质组织使用能量，并认识到每个活动都需要消耗物质、浓缩能量和信息时，浓缩（或非物质）能量的作用就会变得更加清晰。

本书在很大程度上是基于这种方法组织的。我们将建筑物提供的工作分为三大类：遮蔽、场景及场所。本章着重于场景建筑物，根据活动描述如何划分和分析场景工作。但对一次能源供应的压倒性关注模糊了人类经济中使用的许多其他形式的浓缩能源。生产和消费之间的区别是某种有用技巧，有助于经济学家从生活创造"需求"工作中区分出企业创造"供应"的工作。在热力学视角下，这两种类型的工作呈现为逐渐集中促进经济发张能量过程的两个阶段（图4-4）。我们很容易理解将蒸馏汽油和生长庄稼视为一种太阳

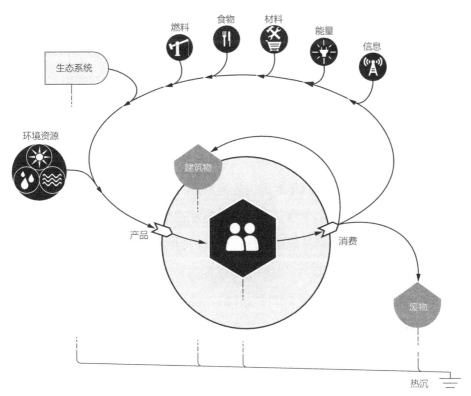

图4-4 奥德姆提出的生产和消费的热力学图示展示了环境和提取资源相关联的循环

能的浓缩形式,但即使是燃烧汽油或进食这种毫不夸张的"消费"形式也是人类工作和运动中能量潜能的进一步浓缩。浓缩过程中的每一个步骤都会有能量损失,从而增加了每个产品的能值强度。反过来说,浓缩能量是通过耗散(或浪费)潜能达到的,浪费的形式和数量决定了该能量的质量。

燃料

我们经常会观察到,化石燃料存储的只是太阳能,但燃料的能量密度却大大超过了原始阳光,所以使得它们更为强劲,价格也更高。煤炭的能量密度约为24MJ/kg，汽油和柴油约为46MJ/kg，而压缩氢气重达123MJ/kg。可再生燃料也是如此。干木材的能量密度约为16MJ/kg，碳水化合物约为17MJ/kg，而动物和植物脂肪可高达37MJ/kg。脂肪的能量密度可以解释鲸油的价值，并说明为什么19世纪中期鲸鱼大量被猎杀以致濒临灭绝时，首先从石油中开发出来的是煤油这一替代品。燃料之间的历史转变说明了这一过程在当时的尺度。鲸鱼脂肪是海洋食物链中捕获的太阳能的浓缩，需要花费时间去积累。煤、油、天然气需要数百万年时间去发展形成，任何生产等效生物燃料的努力都必须加快该千年计的工作。可以用能值核算中的固有上游成本评价。近期研究中估计了化石燃料的能值强度：硬煤约为13.2万sej/J，原油约为15.6万sej/J，天燃气约为17.8万sej/J；每一能值强度的增加都对应这更高的能量密度和更低的碳含量（Brown等，2011；2012）。诸如种植松木的基础生物燃料的强度约为700sej/J，由于加速该过程需要更大投入，乙醇这种精制生物燃料强度范围为从17万～27万sej/J不等。

除了直接获取外，也可以通过大范围收集阳光获取化石燃料，这就意味着它们也代表着能量的空间浓度。因此，瓦克拉夫·斯米尔（Vaclav Smil）赞成将每单位面积能量密度作为进行比较的度量标准（W/m²），该标准将所涉及的土地面积和能量传送所达到的速度结合在了一起（Smil，2008）。他确定煤的能量密度为100～2000W/m²，这取决于矿藏和技术条件；而石油和天然气在矿井、蒸馏厂和输送网络中的能量密度为200～500W/m²。不包括矿井或开采井的火电站，能量密度非常大，为1000～3000W/m²，可以作为另一个质量度量标准。相比之下，可再生资源的能量密度对于太阳能集热器来说很少会超过100W/m²，对于高水头水力发电机、风力涡轮机及地热资源来说，其能量密度较低。低水头水力发电机下降至约1W/m²，生物质（农业）甚至更加扩散。可再生资源可被收集和集中至具有竞争力的水平，但需要更多土地，转而，这些土地又需要新的基础设施甚至新的定居模式。欧洲2050路线图概述了必

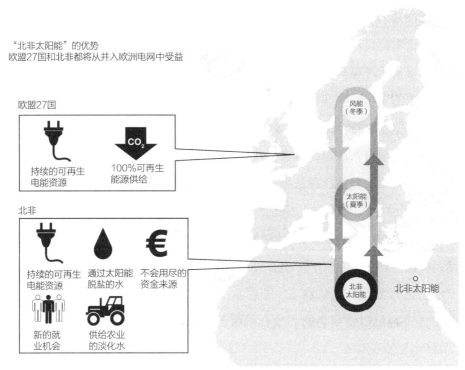

图4-5　"北非太阳能"的优势表明捕获用于支持现代经济的充足可再生资源所需的土地面积。OMA/AMO事务所路线图，2050，欧洲气候基金委员会

须被组装来"拔掉"燃料基电厂和"插上"更扩散的可再生能源的广泛性的新基础设施（图4-5）。

　　浓缩燃料既包括生物地球收集、集中太阳能的工作，也包括提取、精炼和传送用人力工作。20世纪70年代，霍尔（C. A. S. Hall）及其同事首先认识到，燃料的能量含量与获取该种燃料必须花费的能量（净能量）之间的比率是衡量该燃料价值的指标（Hall等，1986）。他称其为能源投入回报值（EROI）。当获取燃料所需能量与燃料提供的能量一样多，即该比率趋近于1时，燃料的价值下降。20世纪初，靠近地表沉积石油的能源投入回报值约为100，但是由于油藏变得更难到达，油的能源投入回报值已经在持续下降，当前常规油井的能源投入回报值在10～20范围内（Hall等，2009）。研究人员一直在争论来自页岩层或焦油砂的油的能源投入回报值实际上是否大于1。能源投入回报值为环境资源的抽取价值提供了一种经济测度，近几十年中能源投入回报值的下降表明我们急需更为全面的环境测度，协助我们评价向低能量密度、环保能源的转变（Hall & Klitgaard，2012）。

扩展能源投入回报值方法，使用全能值核算，可以估算实际上必须被替代的总工作量，包括能源浓缩进等价形式的空间和时间成本。等价测度是能值产出比（EYR，图4-6），和能源投入回报值一样，是为获得燃料而投入的工作和资源与所传送的总能能值含量之间的比值。阿拉斯加北坡的管道中的油，净能值产出比约为11，而从中东地区购买的石油约为8，德州原油的能值产出比约在3.2。比较而言，云杉木的能值产出比约为5.4，当作为木片处理和传送给最终使用者时，瑞典柳树种植园的净能值产出比为1.1（Odum，

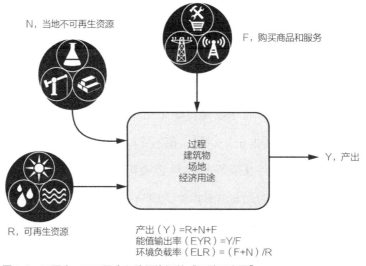

图4-6　可再生、不可再生和购买资源的"三臂示意图"

1996，2007）。能源投入回报值和能值产出比（EYR）是经济效益的度量标准，有利于将一种能源与另一种进行比较，但是我们也必须从人类经济角度去考虑它们在浓缩能量的整个层级系统中的作用。更高的能值强度代表着更大的废弃物数量，但也代表较高质量，因此它们应该与使用其的活动价值相匹配。

对于作为场景的建筑物来说，通常燃料都用于加热水、烹饪食物和其他形式的热处理。大多数热水使用温度都相对较低，可以通过废热或集中阳光提供能量，因此它并不能与高质量燃料匹配。相比之下，对于烹饪而言，浓缩燃料主要用于转化食物，使其可食用、消化，甚至增加可用能量的含量。在原始版本埃利斯之家中，能值含量和食物的能量密度掩盖了用于准备它的燃料的适度数量，因此它们看上去可以更好地匹配任务。其他用于工业处理过程的燃料需要热，偶尔也会直接用于驱动机械处理过程。但是对于大部分在建筑物中进行的机械工作，燃料转化为电能，这说明了浓缩的力量。

电力

大多数电力是通过热过程、燃烧碳氢化合物燃料或使用高温核裂变产生蒸汽和驱动发电机，在集中电厂生产的。即使对于大型发电厂来说，这种转换中存在不可避免的浪费，也大大增加了成本。美国化石燃料和核电厂的平均第一定律效率范围从燃煤、核燃料和燃油电厂的32%到天然气发电机的41%（US DOE，2012）。这意味着根据燃料和过程的不同，电力的总能值强度大约比所用燃料高三倍，平均为30万～70万 sej/J；而能值产出比（EYR）约为燃料本身的三分之一，平均为2.5～5（Brown等，2012）。这个过程是最大功率发生在中等效率水平原则的一个主要例子。热电厂的最大卡诺效率为60%～70%，但必须在较低效率下运行这些过程，以一定的速度传送能量。电力的较高能值反映了浓缩原燃料所需的时间及工作和它可以转化为电力的速度。电力的清洁和多用途性说明了以更大成本和浪费所获取的价值。

像捕获建筑物内的废热一样，电力生产的废蒸汽仍然很热，可用于许多其他用途，包括建筑供热。第二次用途的蒸汽利用被称为热电联产或热电联合（CHP），并为密集居住区供热。蒸汽作为副产品，与电力产品几乎等价，蒸汽能值强度与电力大约一致，因为生产蒸汽需要同样的工作和资源。然而，由于可以有效恢复大约40%的原始热含量，净产量翻倍增长。利用燃料电池在不燃烧的情况下将氢气（或天然气）转化为电力或热量，实现电化学联产。它们第一定律效率大约与热电厂相当——约40%取决于催化剂温度——但因为它们的排放物清洁（水和二氧化碳），可以直接在建筑中使用。在这两种情况下，废热的回收再利用使燃料含能的产出翻倍。

电力也可以通过几种其他非燃烧方式产生，包括涡轮机中直接机械转换及诸如热电和光伏转换的固态作用。直接机械转换用于提取水流的重力势能和风的动能，它们都是低密度环境流。最近的研究表明，风力和水力发电的能值强度大约为6万sej/J，反映出这些流的环境强度很低，净能值产出比约为7（Brown & Ulgiati，2002）。除非在独特设置中，很难在建筑物尺度上捕获风流和水流。建筑外表皮上光伏板（PVs）的安装已成为环保建筑设计中最受认可的标志之一，也是大多数净零能耗设计构想的基础。

最近几十年来，太阳能光伏板的转换效率稳步提高。在建筑外围上的使用结合了建筑物内阳光的收集和浓缩工作，这使浓缩的元素变得明显可见。可以聚集的太阳光数量是面积的一个简单的函数——更大空间产生更多能量——而转换为电力是用非常高强度的固态材料完成的。早期能值研究表明：较高制造成本加上较低转换效率导致能值产出比率低于1（Odum，1996）。随着制造技术的改进，能值产出比率现在似乎超过2，并有希望得到进一步提高，但电力还远不能免费试用（Brown等，2011）。最近对来自太阳能光伏板能量的能值强度的评估是14.5万sej/J，意味着它的环境成本不到中央热电厂生产的电的一半，但它仍然是一种非常高质量的能量形式，应该与其使用价值相匹配。

在埃利斯之家的净零能耗被动房版本中，屋顶覆盖有光伏板，满足建筑物的（减少的）电气负载。光伏板显著降低了家庭电力消耗的总能值（用于驱动制冷和供热的热泵的电力），有效地减少了三分之一传输热量能值强度。用不太密集材料制成的真空管太阳能集热器加家用热水，导致其能值强度更低（约3.62万sej/J）。通过浓缩提高质量与增加成本之间的关联很明显。净零能耗公式引人注意的一个方面是，它使得可再生能源的限制在面板本身的面积中变得明显可见，其配置和显示成为了信息调节浓缩能量使用的一种形式。

信息

通过先期计算说明信息价值，在工业社会缺失的情况下，需要多少工具和多大的图书馆来容纳维持当代生活方式所需的所有信息呢？思考制造一个建筑物最简单的部分需要多少信息与思考物化于专门的工具、机器和浓缩能量中的知识，同样令人吃惊。当你将理解图书馆中材料所需的从阅读到物理、数学和编码等的全部技巧和知识后，这个问题将进一步升级。你在整个经济中评估为每个小构件所花费的大量时间和工作时，这个问题会变得更加令人沮丧。很快更换光伏板或手机就将无法实现，除非人们已经改进了一个智能到能够做任何事情的"复制器"（并且可以修复自身）。

与信息相关的成本有四种：信息原始开发工作、维护工作、抽取和压缩工作以及制造复制品工作。信息的全部观点是副本成本远低于每次都全部重做一遍的成本。信息可以在不同物质密度下传递，从建筑物的物理布置到无线电波传输的信号都可以传递信息。按照另一座建筑物建造实体副本，比以电子方式传送其设计需要花费多得多的工作。设计服务成本相对于建设成本来说很小，但它提供了指导建设过程的关键信息。设计服务的原始成本将包括投入于设计师教育的社会资源和置于设计结果之上价值。实际上，每件人工制品中物化的一部分工作都是关于其设计或运作的信息。与其他形式存储的潜能相同，信息会随着时间的推移而贬值，但与燃料储存的潜能不同，它可以以其副本的方式保持在低成本水平。

大卫·蒂利估算了投入开发和维护五种美国现代通信技术（邮件传送、电话、广播、电视和通讯卫星）中的工作和资源，说明了进行这种计算在概念上的困难（Tilley，2006）。每一项发明都取决于其所处社会的知识和支持，以及所合并的之前所有发明。蒂利将分析重点放在从工业革命（1790年）开始时的美国经济上，并绘制了能值强度随每次技术的成熟和广泛采用持续降低的蓝图。在他的计算中，当前能值强度范围从通信卫星的4.8×10^{12}sej/J到邮政邮件递送的2.5×10^{6}sej/J，电视能值强度权衡在7.2×10^{10}sej/J。照这样来说，埃利斯之家中的LED电视能值将比其他所有的家庭活动都多，除非其他所有家庭活动中蕴含的信息也包含其中。与浓缩能量的生命周期分析不同，评价信息成本没有简单的分析边界，可以根据信息影响检测分析边界。

维护埃利斯之家所需劳动力是在家务耗费的代谢能量的能值含量和需要支付的平均工资的基础上计算的，这些加在一起的总和约占家庭能值需求的2%（Brandt-Williams，2002）。我们可以用相反的方法计算实际包含在劳动中的知识，根据教育水平来确定社会置于工作上的价值（Brown等，2012）。工资和教育水平都不断稳步变化，且随国家的不同而不同，所以其使用也是类似的。在学校，我们找到了生产更浓缩（和移动）信息形式的系统，每个级别的教育和经验都涉及社会资源的额外支出，集中在每一学业水平有限的个人中。1996年，奥德姆使用这种方法估计美国每一层次的教育水平的平均能值强度，2009年坎贝尔和陆宏芳更加详细地阐述了这一方法，改善能值估计，绘制美国知识演变中的分布图。如果埃利斯之家上的劳动力是由具有高中学历的某人完成的，其能值强度为$1.9 \times 10^8 \text{sej/J}$，将包含约10%的家庭能值；如果房主有博士学位，约占总数的22%。

将建筑物视为一个工作场景进行考察，它仅包含了人类时间与可用资源花费之间的这种权衡。当我们将受教育的程度认定为社会投入，而不仅仅是个人成就时，它就变成另一种浓缩资源，应该与任务相配合。用热力学术语来说，由人完成的工作有两种形式：第一种是获取、浓缩和储存潜能的首要形式，范围涉及从耕作和采矿到准备和传送燃料、能量和食品；第二种是物质、能量和信息安排和处理的所有形式，即我们在日常称之为工作的事情，从人和物质的运动到以更集中的形式管理文件和抽取信息。首要工作主要发生在可以工程化以优化处理效率的工业场景，以及处理和准备食物一切地点。建筑物种几乎所有剩余的工作都是一种或另一种形式的加工处理工作，在商业和住宅建筑中，都有发生。

办公室作为管理工业和企业相关信息的独立场景，直至19世纪中叶随着能量使用的增加和经济专业化程度的提高，才开始作为一个独特的建筑类型出现。办公室场景变得几乎完全贯注于收集、整理和传播信息。从分类账目、报纸和文件柜到计算器、打字机、电脑和现在联网的信息服务，人们使用办公室来管理和扩大更多首要生产形式的资源流。企业迅速地采用电报、电话、电脑、网络，以及当时仍具创新性的互联网及昂贵的技术，这说明了及时地传送信息会产生的社会和经济实力。但是对效率和生产力的单一关注会导致毫无成果的问题，例如让获得博士学位的人做家务、维护办公室是否是在浪费资源。

不同于商业建筑，现代住宅被认为是节省劳动力的休闲场所，其特色技术是信号电视，现在是一种联网的多屏媒体传播服务。与以生产率度量的工作相比，这是非常惊人的：20世纪中大部分时间里做出的使用研究已经证实，通过生产力的提高和进步，如每周工作40h，人们"节省的大部分时间都花费在观看各种电视节目上"（Robinson & Godbey，1997）。为估计教育中集中信息和劳动价值，假设生产性工作、休闲和睡眠之间存在折中平衡，人均寿命情况下，对于每个人每天的工作时间都是8h。这可能是最大功率发生在中等效率水平的另一个例子，即当我们仅花费一部分时间工作时，是最具生产力的。这也是我们设想的生存者所做计算的一部分。如果我们必须重新开始，时间又会用来做什么呢？

货币

自18世纪产生的重农主义以来，特别是19世纪中叶热力学开始发展以来，很多人一直致力于为货币建立一种生物或能量价值。正如路易斯·费尔南德兹·伽里亚诺在20世纪70年代观察能量核算时，这一概念曾经被许多人认为是新价值理论的基础，是取代货币拜物教的基本概念，是经济计量、社会预测和经济规划的基本工具，也是使协调技术与自然、经济与生态成为可能的哲人石（Fernández-Galiano，2000，P181）。货币是象征性信息的一种灵活形式，作为交换媒介和价值尺度流通，但正如前几节所论证的那样，在评价自然资源方面，其缺点是众所周知的。然而，从根本上来说，环保建筑需要建立能量与金钱之间的联系，因为真正的财富来源于对所有形式的有用能量的控制。

由于没有达成一个完全统一的价值理论，我们从生态经济学领域提出了这本书采用的方法，坚持认为全球生态系统是经济财富的最终来源。正如经济学家尼古拉斯·乔治斯库·罗根（Nicholas Georgescu-Roegen）所说："我们的整个经济生活都以低熵为食"。低熵意指制造精炼材料、工业产品及现代生活燃料和电力所耗费的可用能量（Georgescu-Roegen，1971，P276）。提供货物和服务的实际成本与其交换价值之间的差异说明了货币与其他形式的潜能之间的差异。既可以用于扩大人类的技术创新，也可以转换实际财富，但正如重复经济周期显示的那样，它也可以毫无踪迹地消失。赫尔曼·戴利（Herman Daly）和约书亚·法利（Joshua Farley）解释道，混乱源自主流经济学的前提，即经济财富的物质动因（能量、资源）和效率动因（资本、劳动）是可以进行简单交换的，也可以用资本和劳动力代替低熵资源（Daly & Farley，2011）。

二者相互转换的信念得到了美国和其他经济体正在下降的能量强度的支持，自从工业革命开始以来，每美元国内生产总值（GDP）对一次能源的使用就一直持续减少。大多数经济学家将这种改善归因于创新或"技术进步"。能量强度用来证明技术创新可以绕过物理限制，"物质化"经济即使达到资源供应的限制时，也可以继续增长。许多经济学家已经说明了涉及的具体增长形式，是将一次能源供应转化为有用工作的效率（Kummel，1989；Ayres & Warr，2009）。技术进步本身并不是财富的来源，只不过是另一种通过转换燃料、采伐森林、耕种土地活动从生物圈提取能量潜能并集中在资本和劳动中的技术。技术创新可以提高能源效率，扩大不可再生能源的效用，但不能用作财富代替基础的低熵潜能。

劳动力经常以工资的形式被购买，用资本替代劳动力的能力赋予货币自身的大部分力量。金钱也可以购买将潜能转化为工作的技术，从而节省劳动力，提高生产率。但是，正如金钱不能代替食品一样，它也不能代替供养工业的能源。货币的根本力量是其促进潜能的集中和传递来完成有用工作的能力。正如之前章节所论证的那样，建筑物的运行和建设的各个方面都说明了这些热力学原理。现代时期建筑物规模和容量的增长与财富的实际增长是相应的，源于资源流的增长，但建筑物的每一笔投入都会不可避免地增加熵。维护和操作需要真正的工作支持，就像生物需要食物一样，一旦潜能流消散，就不能被重新使用。

在热力学图中，资金流向与能量和资源方向相反，可以促进资源和能量的集中和促进更复杂的生产层次结构的发展。资金与经济中资源总吞吐量的比率是一个热力学强度指标（sej/$）。虽然货币提供的有用工作或价值不能确定，但是可以用来估算不同服务对建筑物的贡献。奥德姆和他的同事已经确定了不同国家货币的热力学强度，将一年中所有可再生和不可再生的贡献加到经济上，并除以经济生产总值，得出2011年美国经济强度为1.73×10^{12}sej/$（Odum，1996；Campbell & Lu，2009b）。如果我们绘制美国20世纪的能值强度图，就会发现和一次能源供类似，其强度也有所下降，这可以部分地归因于艾尔斯和瓦尔确定的持续增高的效率。然而，能值产出率（EYR）在此期间甚至一直在急剧下降，这意味着提高的效率已经抵消了可用于提取和浓缩可用资源质量的下降（Brown & Ulgiati，2011）。

涵盖资金实现的工作和资源转换后，场景建筑物图表就完整了，这种转换既在居住者所接收的收入中，也在高水平产品及建筑物内使用服务的强度中（图4-7）。这些可以掩盖作为庇护所建筑物所需资源。在埃利斯之家中，高层次供应品的"消费"的一种热力学成本几乎比建筑物其他任何方面都更高。

生活性工作

当代建筑物中许多闪烁和哔哔作响（有时说话）的设备竞相吸引着我们的注意力，使用微量浓缩能量使我们参与到其设计目标活动中。目前，我们

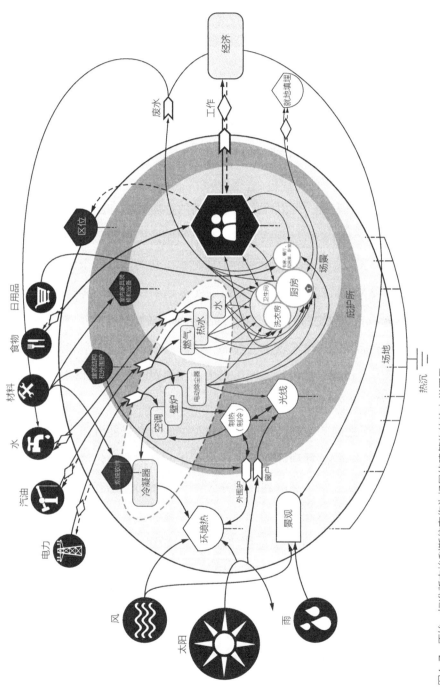

图4-7 原始、标准版本埃利斯利斯住宅作为场景的建筑物的热力学图示

149

仍处于"智能"建筑进化的早期，力求实现适时信息前景来使建筑更为有效、强大，同时降低了它们的资源吞吐量。当冰箱提醒我们关门时，我们遵循的是设计师（和程序员）的指示，帮助其更有效地运行。但是，当转移我们工作注意力的娱乐设施发出召唤邀请时又该如何呢？消费问题从来就不仅仅是一个效率问题，而是在各种活动中的选择问题。最终，人们必须利用自己的时间做一些事情，所以场景建筑物的热力学图是一个生活性工作图。

按功能组织图表后，可以确定每个活动的环境成本和强度，将物质流、浓缩能量流、劳动力和信息流结合在一起。例如，埃利斯之家中厨房的能值核算包括了从水、食物和废弃物到用于加热和冷却的能量的全谱系资源（见附录B，表B-3）。加工零售食品的能值强度主导了该活动，甚至随着每个类别的效率提高，将采购更多当地食品。被动房厨房的花费等级结构是相似的：用较少的集中量转化、输送较重的食品，清除其残留物。浴室和洗衣房几乎完全致力于清洁和废弃物清除，但是最大的"消费"类别是休闲娱乐活动，激活各种屏幕，并使用当代家庭中流动的可处理产品。

消费与生产之间的区别及不同建筑物类型的分类只能混淆事物。可以利用工作的日益专业化解释现代建筑历史，工作的日益专业化就要求有不同的具体建筑类型，从工厂、超市到高层办公建筑。然而，也有同样多的建筑物类型致力于提供消费或娱乐活动——餐馆、体育场馆、剧院和度假村（更不用说教堂和寺庙了）。为不同生活活动拟建的场景建筑的全部热力图涵盖环境流、提取资源、浓缩能量和消耗能量中的人。从这个角度看，消费和生产只是财富逐步完善和集中的有序阶段。更高的生产力和更高效的消费都有助于加快经济的发展。

正如发展中生态系统的生态位增加一样，新建筑类型反映了产生催生其发展的财富增长及其日益增长的复杂性。埃利斯之家活动图说明了部分工作形式（如洗澡和烹饪）是如何密切响应特定房间（如浴室和厨房）的，同时其他活动（如睡眠、打字、观看媒体）的移动性和适应性则更高了。如果建筑物必须处理大量物质、能量，那么空间和功能之间的联系看上去似乎是最具永久性的。然而，当设备传输较少更高质量资源时，则不会那么僵固。的确，为了适应不同活动，人们一直在调整场景。厨房的桌子可以在某一时刻用于就餐，下一时刻用来做家庭作业，在这之后又用来举行家庭会议。但从有线到无线信息技术的过渡，进一步放松了建筑类型和活动之间的联系：咖啡店成为工作场所，办公室变成为客厅，客厅主持电话会议，打破了现有空间和社会安排（Turkle，2010）。

人们普遍认为，环保建筑设计目标是消除污染废弃物、减少资源吞吐量，和各种可用环境流匹配，但二者却不会减少人们做事情所花费的时间。最大功率原理的一个矛盾结果是使人们的工作"效率"更低，通过休闲娱乐消耗工作积累的财富，去平衡生产性工作。

参考文献

Abel, Thomas. 2004. "Systems Diagrams for Visualizing Macroeconomics." *Ecological Modelling* 178(1–2): 189–194.

Archibold, Randal C. 2007. "From Sewage, Added Water for Drinking." *New York Times*. November 27.

Ayres, Robert U., & Benjamin Warr. 2009. *The Economic Growth Engine: How Energy and Work Drive Material Prosperity*. Cheltenham: Edward Elgar.

Bataille, Georges. 1988. *The Accursed Share: An Essay on General Economy*. New York: Zone Books.

Beardsley, Joseph. 1900. "Water Waste." *Municipal Engineering* 18: 117–121.

Blomeier, A., J. Evans, G. Feigon, N. Johnson, and C. McDonald. 2009. "Maximizing the Rate of Delivery in Vending Machines." Architecture 751: Ecology, Technology and Design.

Brandt-Williams, Sherry L. 2002. Folio #4, Emergy of Florida Agriculture. In *Handbook of Emergy Evaluation*. Gainseville, FL: Center for Environmental

Policy, University of Florida.

Brown, Mark T., & Sergio Ulgiati. 2002. "Emergy Evaluations and Environmental Loading of Electricity Production Systems." *Journal of Cleaner Production* 10: 321–334.

Brown, Mark T., & Sergio Ulgiati. 2011. "Understanding the Global Economic Crisis: A Biophysical Perspective." *Ecological Modelling* 223: 4–13.

Brown, Mark T., & Sergio Ulgiati. 2012. "Labor and Services." *EMERGY SYNTHESIS 6: Theory and Applications of the Emergy Methodology*. The Center for Environmental Policy, University of Florida, Gainesville.

Brown, Mark T., Gaetano Protano, & Sergio Ulgiati. 2011. "Assessing Geobiosphere Work of Generating Global Reserves of Coal, Crude Oil, and Natural Gas." *Ecological Modelling* 222: 879–887.

Brown, Mark T., Marco Raugei, & Sergio Ulgiati. 2012. "On Boundaries and 'Investments' in Emergy Synthesis and LCA: A Case Study on Thermal vs. Photovoltaic Electricity." *Ecological Indicators* 15: 227–235.

Buenfil, Andres. 2001. "Emergy Evaluation of Water." PhD, Environmental Engineering Sciences, University of Florida.

Bushman, Richard L., & Claudia L. Bushman. 1988. "The Early History of Cleanliness in America." *Journal of American History* 74: 1213–1238.

Campbell, Daniel E., & Hongfang Lu. 2009a. "The Emergy to Money Ratio of the United States from 1900 to 2007." *EMERGY SYNTHESIS 5: Theory and Applications of the Emergy Methodology*. The Center for Environmental Policy, University of Florida, Gainesville.

Campbell, Daniel E., & HongFang Lu. 2009b. "The Emergy Basis for Formal Education in the United States." *EMERGY SYNTHESIS 5: Theory and Applications of the Emergy Methodology*. The Center for Environmental Policy, University of Florida, Gainesville.

Cherubini, Francesco, Silvia Bargigli, & Sergio Ulgiati. 2008. "Life Cycle Assessment of Urban Waste Management: Energy Performances and Environmental Impacts. The Case of Rome, Italy." *Waste Management* 28: 2552–2564.

Cowan, Ruth Schwartz. 1983. *More Work for Mother: The Ironies of Household Technology from the Open Hearth to the Microwave*. New York: Basic Books.

Daly, Herman E., & Joshua Farley. 2011. *Ecological Economics: Principles and Applications*, 2nd ed. New York: Island Press.

Dickens, Charles. 1874. "Philadelphia." *American Notes and Pictures from Italy*. London: Chapman & Hall.

Douglas, Mary. 1966. *Purity and Danger: An Analysis of Concepts of Pollution and*

Taboo. New York: Praeger.

EIA. 2012. Table 8.1. Average Operating Heat Rate for Selected Energy Sources, 2002 through 2012 (Btu per Kilowatthour). US Energy Information Administration.

Fernández-Galiano, Luis. 2000. *Fire and Memory: On Architecture and Energy.* Cambridge, MA: MIT Press.

Foundation for Water Research (FWR). 2008. "Wastewater Forum Archive, Meeting 2nd July." *Foundation for Water Research.* http://www.fwr.org/wastewat/wransom12.htm.

Georgescu-Roegen, Nicholas. 1971. *The Entropy Law and the Economic Process.* Cambridge, MA: Harvard University Press.

Giedion, Siegfried. 1948. *Mechanization Takes Command: A Contribution to Anonymous History.* New York: W. W. Norton.

Greer, John Michael. 2008. "Title." *The Archdruid Report: Druid perspectives on nature, culture, and the future of industrial society.* http://thearchdruidreport.blogspot.com/ 2008/02/theology-of-compost.html.

Hall, Charles A. S., & Kent A. Klitgaard. 2012. *Energy and the Wealth of Nations: Understanding the Biophysical Economy.* New York: Springer.

Hall, Charles A. S., Stephen Balogh, & David J. R. Murphy. 2009. "What is the Minimum EROI that a Sustainable Society Must Have?" *Energies* 2: 25–47.

Hall, Charles A. S., C. J. Cleveland, & R. Kaufmann. 1986. *Energy and Resource Quality: The Ecology of the Economic Process.* New York: Wiley-Interscience.

Hansen, Roger D. 2014. "Water and Wastewater Systems in Imperial Rome." www.waterhistory.org.

Hillman, Chris. 2000. "A Theology of Compost," Sermon, July 23. Rochester, NY: First Unitarian Church.

Johansson, Susanne, Steven Doherty, & Torbjorn Rydberg. 1999. "Sweden Food System Analysis." *EMERGY SYNTHESIS 1: Theory and Applications of the Emergy Methodology.* The Center for Environmental Policy, University of Florida, Gainesville.

Kummel, R. 1989. "Energy as a Factor of Production and Entropy as a Pollution Indicator in Macroeconomic Modelling." *Ecological Economics* 1: 161–180.

Lewis, John Frederick. 1924. *The Redemption of the Lower Schuylkill: The River as it Was, the River as it Is, the River as it Should Be.* Philadelphia, PA: City Parks Association.

McDonough, William, & Michael Braungart. 2002. *Cradle to Cradle: Remaking the Way We Make Things.* New York: North Point Press.

Odum, Howard T. 1996. *Environmental Accounting: EMERGY and Environmental Decision Making.* New York: Joseph Wiley & Sons, Inc.

Odum, Howard T. 2007. *Environment, Power, and Society for the Twenty-First Century: The Hierarchy of Energy.* New York: Columbia University Press.

Robinson, John P., & Geoffrey Godbey. 1997. *Time for Life: The Surprising Ways Americans Use their Time.* University Park, PA: Pennsylvania State University Press.

Smil, Vaclav. 2008. *Energy in Nature and Society: General Energetics of Complex Systems.* Cambridge, MA: MIT Press.

Tilley, David R. 2006. "National Metabolism and Communications Technology Development in the United States, 1790–2000." *Environment and History* 12: 165–190.

Turkle, Sherry. 2010. *Alone Together: Why We Expect More from Technology and Less from Each Other.* New York: Basic Books.

US DOE. 2012. *Buildings Energy Data Book:* Buildings Technologies Program. US Department of Energy.

Vassallo, Paolo, Chiara Paoli, & Mauro Fabiano. 2009. "Emergy Required for the Complete Treatment of Municipal Wastewater." *Ecological Engineering* 35: 687–694.

图5-1　一个农业国家的高密度城市，展示了21世纪可再生经济的土地利用模式

Butcher & Kurtz（2014）

第五章

城市和经济区位中的场所建筑物

在比较富裕国家……城市在经历工业时代动荡后幸存下来，目前比以往任何时候都更富有、更健康、更具吸引力。世界上较贫穷的地方，城市正在大幅扩张，因为城市密度提供了一条从贫穷到繁荣的最为清晰的道路。

——Glaeser，2011

本章中，我们将讨论位置的热力学。正如前几章表明的，建筑物本身是不可持续的。它们仅能在资源消耗方面具有或多或少的效率，从而减轻它们容纳活动的环境影响。甚至净零能耗的建筑物也需要大量材料、能源和信息，将其变为各种形式的废弃物，前提是其属于一种生产性经济。可持续设计的最小意义单位可能是城邦，或城市及其周边地区，尽管在当代贸易作用下，区域边界已经具有全球性。风景中可持续的独居建筑物的浪漫提议只不过是梦中景象，或者至多是处理生产（和消费）的区域性布局工作的试验。

能源在全球性的工业文明中的核心地位已经稳固建立；燃料已经在很大

程度上取代了农业文明的劳动者和奴隶，在生产能力上完全地超越了他们。化石燃料的便携性和能量密度增加了财富、扩张了人口、推动了城市数量和规模的增长。正如爱德华·格莱泽所争论的，城市群是繁荣的引擎。城市吸引并集中财富、人才和各种生产力。建筑物的尺寸、用途和质量在很大程度上取决于它们在这些城市经济体中的地位，并由其所在地的土地价值及其可以容纳的活动的经济价值决定。两者完全相互交织、共同进化；土地利用的空间分布——农村、远郊、郊区、核心——反映和制约了人类住区社会和经济的布局。

可以通过评价不同土地使用的能值检测城市及其经济体组织，使用的是包含结构和基础设施的成本以及各种资源流。如前几章所述，更多的物质化投入比人和资本的快速反应适应得更慢，但经济永远不能被完全地去物质化。工作和人员仍然必须待在某个地点或其他地点，建造建筑物可以容纳其工作。20世纪中期流行的城市理论中，将城市增长与适应视为一个连续的生态过程，具有增长、衰退和恢复的特征周期（Light，2009）。然而，人类不是植物，我们必须说明他们的许多适应模式——技术的、经济的、文化的——每一种模式都有其影响范围和不同的变化速度。环保建筑设计的区位任务是在变化的城市和经济布局中构思符合其位置的建筑物，同时对更重元素的惯性和较快元素的去地域化作用都要作出解释说明。

诚然，这个任务既是一个社会和文化叙事问题，同样也是一个资源效率问题。从现代社会开始以来，地点"区位"这一观念就一直平衡着众多普遍技术文明的吸引力，普遍技术文明极大地促进了财富、力量、寿命和自由的增长。关于地区叙事提供了气候、地理和住区长期文化传统的地方特色。在其最简单的形式中，可以理解为：即使会被基于移动媒体的自由和全球化覆盖，它们也仍然向往着农业文明传统。在不同程度上，这是对地域主义、生物地域主义、生物气候设计、流域政治的批判，甚至是生态乌托邦的一贯诉求，它们都为将各种社会、审美认同形式整合建立为新环境制度提供了方法。

空间层级：城市的自组织

随着美国人口增加，一种城市系统的分级体系似乎已经自发地建立起来。没有人对其发展做出过规划；这是一个复杂系统自组织的典型案例。

——Fujita等，1999

20世纪下半叶，美国许多主要城市的中心市区土地价值大幅度下降。虽然经常提及底特律空置房数量很多，但制造和定居模式在全美国城市中已经发生了转变，致使成千上万的建筑物价值突然降低。同时，由于高效的市政服务设施——高速路、下水道、电力供应——向外扩展，这些城市边缘地区的土地价值却都在增加。这是城市蔓延中研究最多的现象，我们经常认为这是理所当然。完全相同的建筑物，因为区位不同，价格会有所不同，这不仅取决于场所本身的质量，而且也取决于其临近设施的质量及其在城市景观中的位置状况。正如葛田（Fujita）等人观察，没有人可以真正地规划城市规模或层级，它们会根据更大经济动力发生扩张和转变（Fujita等，1999）。规划师、设计师和政客致力于调节、缓和，有时指导这种增长和发展，但是区位价值在很大程度上是由超越任何个体规划和政策的集体性自组织过程决定的。

建筑场所是一种特殊范畴的热力学资产。土地首先通过地质和板块构造抬升形成，然后由水文循环中的流动水加以雕刻、重新分配。这些过程也有助于形成和集中有经济价值的物质，如石头、砾石、黏土和矿物沉积物，而生物活动则产生土壤的有机成分并建立生态系统。地形、地理、水文、气候和生态系统相互作用，确定一个场所的采矿、伐木、农耕或定居潜力。森林、草原、沙漠或沼泽地区出现的不同生态生物群落，主要是局部降雨与气候温度相结合的结果，两者都是由经度和海拔位置造成的。我们用于指定景观位置的大多数术语都是流域术语，如山顶、山谷、低地、河流或湿地，水一直是建立位置价值的第一基础。人类居住区必须靠近可饮用水源，大多数大城市不得建在河流或港口附近。刘易斯·芒福德甚至认为：尽管我们近期理解了像洛杉矶或北京这样的大都市距离水源很远，但水却是城市增长的第一个限制因素（Mumford，1956）。

帕特里克·格迪斯在1909年的《山谷剖面》中阐释了自然景观与人类住区之间的相互作用，提醒了新工业景观居住者，那个时候他们用煤炭作燃料，并且正在积极覆盖农业文明的早期模式（图5-2）。经过数千年的人类发展，格迪斯山谷描绘的占据和区位有机地呈现出来，而且这些前工业关系仍然经常被称作工业和后期工业增长模式的解毒剂。我们必须仔细阅读这个剖面，以避免被较早时期人口较少的世界怀旧情绪干扰。格迪斯的集中研究，说明"进化中的城市"的经济学和人类学，特别是定位"走向区域性的改善和发展，走向城镇提高和城市设计"的发力点（1949）。在他们1954年的《道恩宣言》（Doorn Manifesto）中，艾莉森（Alison）和彼得·史密森（Peter Smithson）借助格迪斯

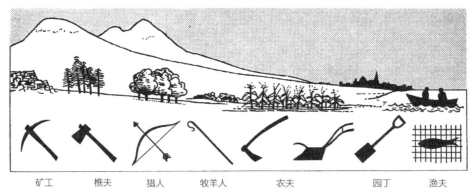

矿工　　樵夫　　猎人　　牧羊人　　　　农夫　　　　园丁　　渔夫

图5-2　经过数千年的人类发展，格迪斯山谷描绘的占据和区位有机地呈现出来，而且这些前工业关系仍然经常被称作工业和后期工业增长模式的解毒剂

图5-3　"栖息地"这个概念强调在某种特定社区中存在的特定形式的房屋。各地的社区都是一样的。(1)独立的住宅农场;(2)乡村;(3)各种小镇(工业/行政/特殊小镇);(4)城市(多功能的)。格迪斯山谷描绘了这些不同形态的居住区与周围环境(栖息地)的关系

Smithson & Smithson(1954/1962)

的山谷剖面明确表达了对前现代城市形式怀旧的复苏的批评。他们拓展了格迪斯工作的社会学重心,揭示他的分析中存在的潜在强大城市动力(图5-3)。他们的山谷剖面显示了城市集中的现代层级,高密度核心沿河流分布,逐渐过渡到低密度定居点——城镇、村庄及紧靠高地和斜坡的家庭农场。随着它们的增长,山丘变得平整,溪流引入地下渠道,更高动力驱动的城市逐步超过了这样的地形细节。超出一定规模后,城市就不会再从其所在土地上汲取主要力量,而是转而依赖它们控制及开发的贸易地区及帝国。

经济学家对场所上资源(木材、矿物、土壤)和潜在的"李嘉图土地"作了一个重要区分,李嘉图土地是确定一个场所接受阳光、雨水或其他价值输入的能力的物理范围(Daly & Farley,2011)。首先是场所上(或下)存储的可以随着时间的推移而耗尽的潜能贮存,而场所的物理范围则调节如阳光等的资源流,这类资源流只有在到达后才能被使用。李嘉图土地也是区位经济价值所依附的抽象实体,不能移动到另一个场所或用尽(除非被淹没),并且与场所中资源的价值有所区别。区位价值取决于土地与其他区位和资源之间的距离;靠近流域特征的土地曾经排名最高,但现在区位的大部分价值都与市场、基础设施和人口集中相关。例如,费城城市中心的土地比大多数埃利斯之家所在的郊区土地贵很多倍。它特定地点价值来源于通向城市的火车

161

线路和高速公路，即使较老旧城区衰落和高速公路交叉口附近出现前城市商业中心，使任何简单的中心—边缘模型已经改变，但它们仍加强了城市中心的价值（Garreau，1991）。

对建设场地的评价是建筑的基础。在发展较缓慢的时期，认为城市与乡村或富裕和贫困社区之间的差异在很大程度上是理所当然的。内部变化如此缓慢，或者只是片段式地因为疾病、饥荒或战争才发生，这种区位价值跨越了多代人。区位经济学的正式理论在现代初期人口激增之后才出现。约翰·海因里希·冯·图南（Johann Heinrich von Thunen）1826年提出"地租理论"，解释围绕已经开始发生变化的农业城市生产活动的布局（Von Thunen & Hall，1966）。他认识到：农业经济中土地价值几乎完全是区位性的，平衡不同环境能源集中生产活动产生的利润与产品运输成本。该结果是一系列同心圆，诸如集约农业和制酪业等更有利可图的活动位于中心附近的高地租土地上，而诸如大田作物、林业和牧场等利润越来越少的活动则位于偏远且地价较便宜土地上。前工业经济中财富的潜在来源在很大程度上是对土地的控制，其次是控制通过劳动力和专业技术产品和服务进一步集中的市场。

为了扩展环绕中心市场的经济组织模式，地理学家瓦尔特·克里斯塔勒（Walter Christaller）1933年提出了"中心地理论"，描述更加拥挤的地景中复杂城市模式的出现（Christaller & Baskin，1966）（图5-4）。从平坦地景上均匀分布的农场开始，克里斯塔勒绘制了市镇和行政中心的层级布局，当销售、制造和行政管理活动注重实现规模经济、最小化运输成本时，就出现了分异。在他理论几何学上的完美形式中，将地景分为六角形格子，中心地分为五个级别——小村庄、乡村、城镇、城市和首邑——每个较大的单位供应和控制越来越多的小单位。奥古斯特·罗西（August Losch）在20世纪50年代用这一理论描述较大城市中零售中心之间的竞争和其服务的人口区域（Losch，1954）。两种理论的潜在论据都是基于六边形布局的空间效率及其成本最小化，但他们几

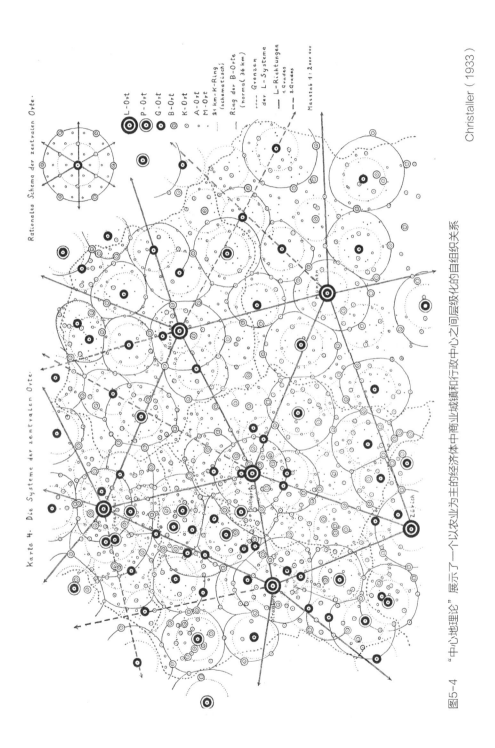

图5-4　"中心地理论"展示了一个以农业为主的经济体中商业城镇和行政中心之间层级化的自组织关系

Christaller（1933）

乎没有为理解真实城市的复杂性提供什么指导。在各种不同交通模式、地形变化、与相邻城市中心的竞争、资源的不均分配以及成本和价格的地域差异的影响下，真实城市随着时间的推移在简单层次结构中发生了剧烈变化。

要理解工厂区位如何不同于冯·图南的农业城市中以土地为基础的产业——农业、制酪业和伐木业，必须提出新方法。工业经济在很大程度上源于从高质燃料和矿物质中提取的能量，其便携性和能量密度超越了较低密度环境资源的区位约束条件。阿尔弗雷德·韦伯（Alfred Weber）1929年的《工业区位论》纳入了包括燃料在内的多重采购工业材料的新增复杂性，并将区位需求从土地区域的控制几乎完全地转移到了运输中。通过最小化工厂与供应商及其市场之间的运输成本，提出了确定最低成本区位的著名的韦伯区位三角形。像冯·图南的模型一样，他的区位三角形假设经济优势聚集，但不能解释其机制。直到1991年，经济学家保罗·克鲁格曼（Paul Krugman）才提出了城市集聚的经济逻辑模型，解释了城市集中可以增加对某一特定区位投入回报。在他从第一原则出发的演绎中，克鲁格曼展示了规模经济是如何与制造业和消费人群的集中相互作用，增加对其产品的需求并降低运输成本。最后提出了经典的城市增长的"核心周边模式"（Krugman，1991）。

克鲁格曼开创了"新经济地理学"，提供了一种更为复杂的模式，并进一步演示了：可以通过作出合理的可度量经济因素决策实现大城市中心的人口集中（Fujita et al，1999）。中心出现空间层级结构——第一、第二、第三级城市——可以看成是从伴随着人口增长的城市化反馈放大效应中发展起来的。然而，经济理论依然不能解释真实城市间发生的惊人的精确规模层级。在不同国家和各历史时期，通常将按照人口规模划分的城市层级称为"齐普夫分布"结构。G·K·齐普夫（G.K.Zipf）是一位语言学家，首次发现了词汇使用中的这种分布现行，然后认识到：美国城市规模也遵守简单幂级数分布，城市人口与其位序成反比（图5-5）。许多后续研究已经证实（并辩论过）了

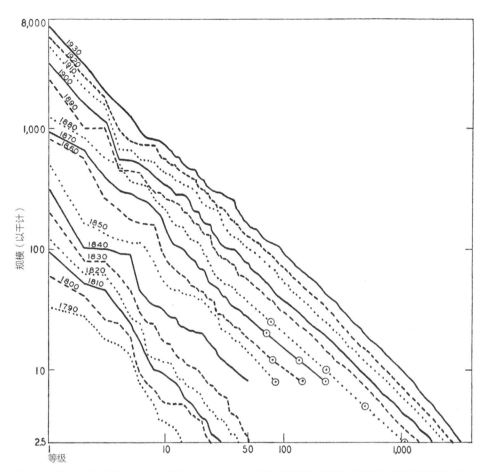

图5-5　图示为美国超过2500人的社区在1790~1930年间等级和规模的关系图，展示了幂级数分布
Zipf（1949）

这个结论，利用双对数图进行阐释，线性斜率接近−1，意味着第二级城市规模是一级城市的一半（1/2），第三等级将是其规模的三分之一（1/3），以此类推。其一致性很明显，最近其应用也扩展到特大城市地区（Berry & Okulicz-Kozaryn，2012）。

　　齐普夫从效率校对揭示了这一分布，论证道：这种分布是由"最小努力"原则造成的，个人（和企业）最小化活动所需的平均工作量。他解释这在将人口集中到城市与将它们拉开的那些力之间产生张力，这些力包括技术创新和新产品与服务之间的竞争。1913年，物理学家菲利克斯·奥尔巴赫（Felix Auerbach）首先注意到齐普夫的城市分布，之后的100百年来，引起了无数研究人员的关注。格伦·卡罗尔（Glenn Carroll）记录了对这一分布五种不同形式的解释，每一种都有其优点和不足之处（Carrol，1982）。基于服从一些简单规律的随机力量的随机模型，在再现此分布方面，而不是解释其原因方面已经是最成功的模型了。正如齐普夫解释的，城市增长和人口迁移模型力图描述作用于个体的经济力量，而城市层级模型，如中心地理论，更具探索性，描述了所产生的层次结构。最后，卡罗尔引用了许多"政治、经济文化和历史"论据，关键点是：位序分布只会在相对封闭的政治或贸易边界内经过长期发展后出现。

齐普夫分布的持久魅力及其与我们问题的相关性，在于它提议的在城市配置的安排、布局和规模中自组织的强大动力，赋予建筑区位以价值。如果我们可以理解城市自组织的实际机制或目标，就可以利用其帮助指导环境设计及其政策。卡罗尔查阅文献中的大部分目标都遵循着微观经济程式——成本、工作或"努力"的最小化，但他没有提到系统生态学家的论据，对他们来说，位序分布是一个相对普遍的现象。物种和个体在食物链中的分布，与较为普遍食物链中物种和个体的分布、树木或流系统中的分支规模以及物种体重与物种领域的关系相比，其排名规模分布均呈现出类似种类的位序分布。奥德姆及其同事将城市位序视为开放系统中发展的能量交换层级示例（Odum et al，1995）。

马蒂厄·克里斯蒂利（Matthieu Cristelli）等人最近论证了由齐普夫分布中思考的城市之间一致性的重要性："我们认为齐普夫定律将是整合系统的最终识别特征"（Cristelli et al，2012，P7）。城市、地区和国家在经济上是"一体的"，但通过很多不同的方式，我们期望其展现不同的鲜明特征。克里斯蒂利等人将16个国家合并在一张位序图中，并以其最大城市规模进行归一化处理，揭示了城市规模分布模式中的一些变体，一些国家中的一级城市远大于二级城市。克里斯蒂利等人论证：在诸如英国、俄罗斯、伊朗和法国等国家，由于集中制管理或它们在较大的贸易网络中的角色，其首都城市实现了最大程度的集中。发现不同国家的城市位序之间存在差异，表明了系统的选择原则，而不是一条简单的规律。克里斯蒂利等人总结了许多指导许多生态学家研究的假设：整合系统中的位序分布的一致性是"成长过程中的某种优化的结果，或就具有某些（有限）资源来说，是系统的一种最佳自组织机制的结果"（Cristelli et al，2012，P7）。

奥德姆也得出同样结论：城市层级结构经过长时间发展后产生，可以最大化其所在更大政治和经济系统的力量。虽然很难验证这些选择目标，但是只能运用技术原则（如最大功率原则）解释复杂系统行为的大部分内容，其中城市集中凭借其可以将更多潜能转化为有用工作而取得成功（Jorgensen，2007）。这一原则可以在许多核心—边缘关系的级配层次中和不同规模城市的层级结构中加以识别，长时间发展后会选择一个最大城市来加强。而且，这不仅是一个规模问题，而是各种活动强度及为投入精细结构以增强各种能量流的问题（Bettencourt & West，2010）。20世纪70年代罗伯特·科斯坦萨（Robert Costanz）和布朗、奥德姆一起，拟定了南佛罗里达州不同类型地景定居点总体蕴藏能量，确定了住区越大其"足迹"也越大这一直观结果，同时注意到了较大住区的基础设施集中度也更高，使用的能量质量也更高（Brown，1980）。测量城市中使用的许多资源蕴含的能量，不仅是一次性能源的使用，更加凸显了城市中许多有效服务的价值。从许多专业化工作到协助组织城市信息，城市土地集中和强化了各种能量流。

正如早期蕴含能量研究工作所表明的，第一定律的能源计算只揭示了部分真相，并且可能掩盖了城市中所用浓缩资源的成本和价值。十年来，彼得·卡尔索普（Peter Calthorpe）进一步细化了他于1982年首次提出一个可信案例。当时他指出：如果将交通费用包括在内的话，郊区太阳能房屋相比一幢城市公寓，会使用更多能源和资源（Calthorpe & Benson，1979）。这一见解最终奠定了他2011年创作"远景加利福尼亚"规划的基础，该规划倡导更紧凑的城市增长以减少资源的使用和碳排放（Calthorpe Associates，2011）。在大卫·欧文（David Owen）的《绿色大都市》（2010）和爱德华·格莱泽（Edward Glaeser）《城市的胜利》（2011）中推广了其更具修辞意味的论证版本，二者都将曼哈顿作为更绿色和有效的模式典范。检查个人家庭的一次能源使用情况时，此案例是合理的。城市土地成本较高决定了住区较小、密度较高和旅行距离减少。然而，重要的是把城市郊区蔓延批评从曼哈顿作为所有城市住区的模式典范这一想法中分离出来，城市郊区蔓延是一种杂草丛生的浪费土地利用的形式。这种比较忽视了运输以外的任何嵌入成本和效应，在很大程度上忽略了使大都市具有如此巨大生产力的高质量庞大服务所需要的生产和供给网络。

现代城市中心的居民每人直接使用的电力或汽油有所减少，但是他们的许多服务触及范围却很广。21世纪曼哈顿的经济活动涉及其周边五个行政区（在不太密集社区中的）中的居民活动，通勤郊区、原独立城市新泽西、康涅狄格和宾夕法尼亚（甚至包括费城）大部分区域。不仅仅是多数人不能负担得起在曼哈顿生活，正如冯·图南首先指出的，城市中心密度要求相应较低成本土地，容纳那些在经济和空间上没有那么密集的活动。在没有美国富裕的国家里，那些较低成本的地区是密集的"非正式定居点"，在那里居民可以步行到达核心地区。蔓延不仅是低效计划的一个症状，而是以燃料为基础的文明的过剩财富的一个症候。如果我们在未来转型中管理不善，除了最富有的公民之外，所有真正低能量的替代性选择将不是曼哈顿，而是农村或城市贫民窟，它们从城市第一次集中以来就是城市周边地区的特色。

尽管大卫·欧文居住在康涅狄格的一个乡村，他仍然是曼哈顿公民，在大都市财富和人才集作为一个作家在工作。他之前在农村生活的能力再一次解释了杰文斯描述的那种悖论：企业越有效率，可以花在其他事情（如在农村生活，但在市区工作）上的能量就越多。欧文本人也认识到了这一悖论，并在其《难题》一书中试图解决这个问题。这本书探讨了反弹作用的多种形式，似乎已经减弱了用更高效汽车、房屋和购物袋去节省能量的努力。城市是人类繁荣的顶峰和引擎，但比较密集的城市中心和绿色郊区却毫无用处，而是应该比较能量流区不同的城市，特别是特大型化石燃料经济城市与在其之前的农业城市之间进行比较。我们必须从整体上理解城市，包括所有上游和下游成本、所利用的不同能量的质量以及表现该能量的许多尺度。

这一简单的城市规模问题说明了城市集约化中复杂交织的因果关系。人口是城市规模的公共测度，但人口增长不是通过既存人口间的再生产实现的，城市是通过吸引（或强制）农村地区和其他城市的人口迁移实现经济发展的。随后，正如格莱泽及其他人表明的那样，增加的人口加剧了城市内部经济和创新活动的发展，加快了财富的增长，为更多人提供了生产机会。一旦人口达到某个关键财富阈值，即使城市不断强化发展，其再生产的生物学速度仍会下降。最近40年来，巴西的生育速度急剧下降，而里约和圣保罗的生产总值（GDP）和人口则持续增长。城市控制的总能量将是更为综合的城市规模测度，将进一步凸显基于控制土地（和海洋）的农业城市与基于燃料的当代特大都市之间的财富和配置对比，特大城市的巨大能量来源于集中资源的抽取和有效转化。

继续回顾前现代时期的农业城市，因为18世纪末之前的所有城市的发展主要靠捕获和浓缩可再生能源支持。除采矿和其他形式提取外，提供了利用可再生资源流的潜力模式，并提出了下一个世纪的设计问题：通过运用过去200年中发展起来的知识和技术，我们可以发展出什么不同的城市布局利用可再生能源流？这已经成为许多目前普遍推荐的策略需要参考的一个问题，从城市农业到步行城市。但正如"19.20.21"所记录的，"1800年，城市人口比例低于3%"，然而今天70多亿人口中有一半以上是城市居民（www.19.20.21,org，2014）。前现代时期的最大城市，如罗马、北京或科尔多瓦，是国家的军事中心，其能量来自组织、存储和运输各个地方的农业产物。罗马的粮食来自整个地中海盆地，实际上动物和奴隶的肌肉力量推动者经济发展的，其中大部分人和动物都在农村劳作（Hall & Klitgaard，2012）。

更全面的分析表明：不能简单地用太阳能光伏板换取燃煤电厂、用生物燃料换取汽油来替代目前当代巨型都市的集中财富。随着用玉米制造食品和生物燃料的竞争日益激烈，问题很快就变成土地利用问题，即将环境能量集中于食物、燃料或电力中所用土地的权衡问题。尽管在整个历史上人口和文明都曾发生过崩溃，但从未出现过能源秩序过渡，所以我们需要更好地理解其动态（Tainter，1988；Diamond，2004）。

十多年来，黄书礼研究、建立了中国台湾地区能量与城市发展间相互作用的模型，记录了随着可用能量水平的不断提高，出现的不同空间模式、时间节奏和各种节约化种类的演变（Huang & Chen，2005）。随着台北在20世纪中的发展，他仔细地分析记录了从农村向城市过渡和土地利用层级的出现。黄书礼等人根据1178个行政单位的数据，确定了台北周边六个土地利用区，包括自然农业、农村土地、郊区、服务、制造、高密度住宅及混合型城市中心区（Huang et al.，2001）。他提出了许多不同度量指标检测该地区的空间和时间层级，但是区域能值密度是描述向可再生能源流态过渡挑战的最佳指标。混合用地中心区域密度为52（$\times 10^{13}$sej/m^2），高密度住宅区甚至更高，为94，郊区地区约为5，相比之下，自然地区的密度仅为0.19。换句话说，城市化土地使用的能量和资源比到达并进入其边界的环境能量高25～500倍。当然，每种土地利用的人口密度都不同，人均能值服层级更为严格，从核心到边缘，从核心高密度区域的3.84（$\times 10^{16}$sej/pop）到郊区的0.98。城市蔓延是一种低强度土地利用，取代自然生态系统时造成了浪费，但周边地区的浪费并不能为当代大都市的核心天然地带来内在效率。

虽然可能很难获取这些研究类型所需的数据，并且还有各种不同形式和程度的不确定性，但在对西弗吉尼亚州、罗马、澳门、圣胡安和北京的研究中得出了相似结果，城市居民维持当代生活方式需要消耗的可再生能值是其临近城市地区的可再生能值基数的50～700倍。曼哈顿这样的高密度城市核心仅能作为整体城市系统的集中中心而存在，其本身就是区域、国家和国际财富分配生产层级的一部分。巨大吞吐量中的大部分都集中在前现代城市中还未出现的经济产品和服务中，因此还需要想象未来可再生城市如何不同于其前身（Odum et al.，1995；Campbell et al.，2005；Lei et al.，2008；Ascione et al.，2009；Liu et al.，2011）。

为了使这种转型所涉及的种种变化更加形象化，卢克·布彻（Luke Butcher）和吉尔·库尔茨（Jill Kurtz）最近对纽约州西部的肖托夸（Chautauqua）县的能量和能值进行了评估，该县农村占地大，制造基地适中，人口约15万人（Butcher & Kurtz，2014）。他们审查了实现可再生经济所经历的阶段，记录了目前一系列人口情景——从提高效率到使用可再生资源，再到彻底改变（图5-6）。确定了每种情景下所有资源、产品和服务（包括能量）所需的一次能源的使用量和总能值，并将这些情景转化为收集和集中足够环保能量需要使用的土地面积，描述每个经济体的总体"足迹"。除了彻底改变以外的其他每种情景下，所需土地数量都超过了该县的实际面积，这意味着，正如所有其他现代经济体，肖托夸县必须进口能源和资源才能维持其消费水平。目前该县需要相当于其面积10倍多的土地，提高效率需要的土地面积约相当于其面积的6.5倍，可再生县约4.6倍。实现完全可再生变化的最后一步中，生产效率提高、可再生能源增加、消耗水平下降，大部分农业县都建立起密集城市核心（图5-7）。

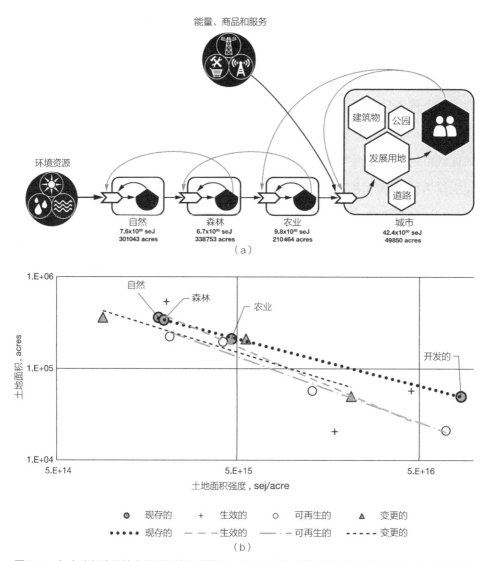

图5-6 （a）肖托夸县的土地利用热力学图示，展示了现存土地利用情况和能值强度；（b）四种情景下的土地利用和能值强度：现存、效率、可再生和改变

Butcher & Kurtz（2014）

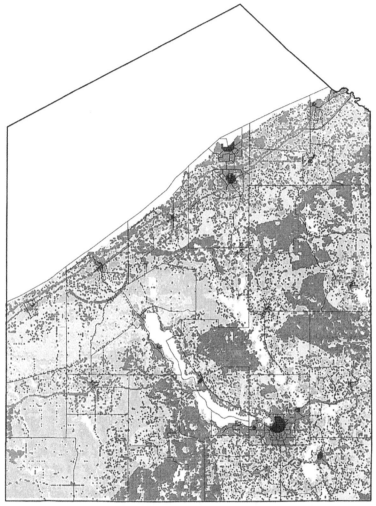

图5-7　(a)"一个被改变的县城",展示了为适应可再生经济而重新分配后的肖托夸县的土地利用分布情况;

Butcher & Kurtz (2014)

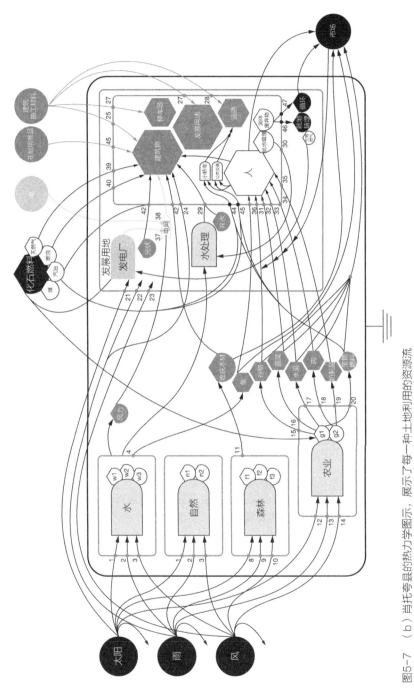

图5-7 （b）肖托夸县的热力学图示，展示了每一种土地利用的资源流

以这种方式平衡一个县（或城市、国家）的生产和消费是一个极限情况，因为其假设条件是本县没有提取资源（燃料或矿物）、没有组合土地利用（如停车场太阳能光伏板），而且可以利用所有环境工作，不产生任何浪费。不与较大经济体进行贸易，或补偿与其他城市和县市的就业和人员竞争所需要的盈余。正如加勒特·哈丁（Garret Hardin）所论证，任何主动放弃发展的社区都将被不断发展壮大的社区超越（Hardin，1968）。新的城市形式只有找到既能增强自身力量又能促进其所在更大生态和经济系统繁荣的方法，才能取得成功。这种规模下的能值分析中，将当代城市设计目标置于文脉背景中，使效率改善的局限和潜力及变化的多个相互作用的维度变得明显。记住这个动态图景，回到埃利斯之家来理解城市层次结构如何设置城市景观中具体区位的价值，并为个体建筑设计提供约束条件。

区位评估

"纽约时报"的房地产版块经常公布成本比较结果撩拨公寓居民，报道用同样的钱可以在全国不同地区买到的房子的面积。你可以用曼哈顿的一居室公寓换购许多其他城市中的联排式住宅、郊区带有草坪的更大房子或者一些正在衰退城市中整个街区都被遗弃了的房子（在比较中报纸不做广告）。当然，房屋的购买价格只是不同区位生活总成本的一部分，包括可获得的工作和薪水、交通工具和距离、当地商品和服务成本，甚至是气候严酷性。当一个家庭决定在城市某一区域重新安置房子或完全移居到另一城市时，这类家庭定期会核算这些竞争成本，还会考察许多社会、文化因素。

正如台北或肖托夸县研究所表明，通过评价长时间内投入推移建设和维护城市配置中的多形式工作和资源来确定土地热力学价值。但由于缺乏详细研究，经济学家用"房地产市场价值减去结构重置成本"（Nichols et al.,

2010）。我们知道，房地产价值会随着商业周期而波动。但是美联储的经济学家评估2008年经济危机时期美国房地产价格的涨幅和跌幅时，土地价值变动是最大的变化因素，而建筑物自身成本几乎没有变化。各种投机形式在很大程度上刺激了价格波动，并突显了弗雷德里克·索迪（Frederick Soddy）称为虚拟财富与真实财富之间的差异（Sooldy，1912）。货币是将价值从一个区位转移到另一个区位的一个强有力机制，但即使建设和维护建筑物与城市基础设施的实际工作不变，它也可能毫无踪迹地消失。

在经济下滑时，一些大都市区的土地价值变化比其他地区要大，住宅建筑比商业建筑的价值变化大，但区域内的相对价值几乎没有变化。2008年房地产市场造成的危机可能已经加速了城市内部和城市之间的人口转移，但是已建立区位的潜在基本因素依然存在。正如美联储经济学家所观察到的那样，这些是"运输走廊和卫星商业中心，在服务质量方面存在差异……以及地形和海岸线的影响"（Nichols et al.，2010，P18）。换句话说，一旦地景上出现空间层级结构，更大人口规模、集中市场、贸易路线就会相互加强，以增强、保持这种模式。这些区位置差异位于自然地理和资源分配之巅，共同赋予区位不同价值的资源和工作。

另一种更为方便的区位评估方法是财产税，结合了区位的市场评估与维护支撑该区位的市政基础设施的成本。财产评估往往不准确，不为研究人员所接受，但其波动比市场价格小，并且在很大程度上反映了场所所在地和经济运行所在地的城市区域组织。使用同一年货币的热力学价值（sej/$）作为税务评估避免了商业周期带来的一些影响，并提供了一种临时区位价值。许多区位的基础设施和机构成本分散在收入、支出相关的各种税收之中，但由于财产税与区位直接相关，所以为了清楚起见，已经在埃利斯之家中应用了。

对于埃利斯之家，征收财产税区位的年热力学成本为22.5×10^{15}sej/yr，这在常规版本中超过了公用设施的年度成本，占据了该家庭总能值成本的18%。如果该建筑物位于费城城市中心，那么根据具体社区的不同，每年的房地产税可能是这一数额的一半到3~4倍。在效率更高的被动房版本中，同一财产税已经是光伏发电和太阳能热能成本的2.5倍多了，约占总能值成本的28%。如果一个家庭的目标是最小化总成本，效率更高的建筑物应转移至财产税较低且远离城市的地区，或经济发展程度更低的荒芜地段。

另一个容易确定的区位成本是交通。低密度郊区开发的基本批判点是汽车交通成本，其中包括汽车本身的折旧成本、交通距离和其燃料。在埃利斯之家的常规版本中，家里有两辆通勤用汽车，按照两辆车的平均通信距离计算，年度能值成本约为4.9×10^{15}sej/yr，是物业税的四分之一，约占家庭总支出的4%。这种估算方法并不完善，由于许多交通基础设施成本隐含在联邦和州政府征税中，几乎等于家庭年度成本，但它说明了密度增加的主要压力之一。由于提取燃料需要耗费更多工作和成本，这会增加交通和区位成本。再次考虑埃利斯之家及其业主的交通需求，该房屋实际上位于19世纪建成的通勤火车道沿线，该地区的人口密度高于随汽车通行建设的郊区。在被动房版本中，居住者上班都要乘火车，这样可以降低一半以上的黏度交通成本。

土地（或屋顶）面积决定了场所收集和集中阳光、风和雨的能力（附录B，表B-2），对之进行分析是为了完善区位分析。埃利斯之家位于一个普通郊区地块（1207m²）的中间，所用环境潜能的年度量仅占家庭总能值成本约0.1%（图5-8）。占用相当于超过1000多倍的土地确保家庭自给自足，这较肖托夸乡村示例更为引人注目。如果不考虑非耐用品和财产税的经济成本，仍需要相当于超过500多倍的土地来供给家庭目前所使用的所有工作和资源。总而言之，区位的价值平衡了周边开发的强度与收获环境资源对抗生活和交通成本的潜力。

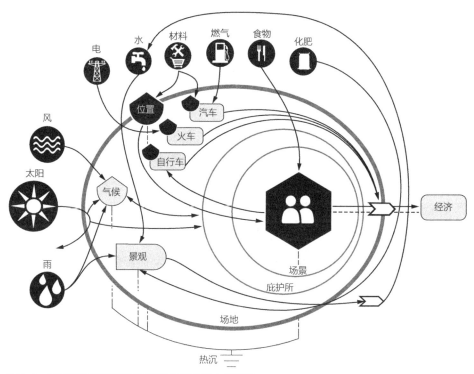

图5-8　原始标准版埃利斯之家作为场地的热力学图示

　　当地气候影响是庇护所建筑评价的一部分，也可以被视为一种不同的区位成本，可以利用相关气候措施（如温度日数）进行比较。格莱泽记载，不同城市的冬季平均气温几乎直接与建筑物能量使用有关——温度越低，采暖费用越高——但我们已经将其作为建筑设计的首要任务包含进来（2011）。为了达成目的，气候改善成本是外围护配置不可分割的组成部分，但数十年来很多人都选择转移到更温和的区位中去，这已经构成了美国人口迁移的一部分，所以这种现象不容忽视。格莱泽推测如果将美国人口都迁移到加利福尼亚气候更温和、人口更加密集的住区所能节省的能量，但这一提议却忽视了本章考察的各种系统性效应。不仅房地产发展动力降低较寒冷地区的房价与较温暖的气候区竞争，而且目前加州海岸的城市集约化已经催生了国内一些最昂贵土地。建筑物建设土地的总能量成本涉及周围建造（并维持）的结构、基础设施、机构和经济体，为了追求最大效率会不停地寻求优势。

区位设计

思考区位价值凸显了设计系统观的常识视角。建筑物不仅必须适合它们所在城市的财富空间集中区位，而且它的出现改变了这些模式，并且还必须随着时间的推移适应这种变化。城市层级结构不仅仅来自个体家庭最低成本或更高效率的决策中，更来自于最大化整体城市系统力量的间接选择和加强策略中。与自然食物网一样，个体建筑和项目可以在城市层级的具体区位和生态位中取得成功，但也能证实其专业化程度，没有它就不能存在，也不能在变化后幸存下来。制成高度专业化商店需要一定数量的人口和社会复杂性，正如维持高层建筑需要更多人员、工作和资源一样。

本章开篇时我们就提出了两个目标：第一个是提出区位价值的热力学核算方法，第二个是理解城市自组织动力如何改变环境建筑设计的假设，二者联系密切。城市空间组织是一种高质量信息形式，放大了潜能的集中，限制了任何单个项目的可能性范围。当代大都市的要求是高度精练信息，需据此调节都市，适应环境变化。随着分析规模的扩展，环境建筑设计越来越成为一个家庭的社会和经济活动问题。

社会和经济层级

艾尔·戈尔（Al Gore）在拍摄《难以忽视的真相》———一部鼓励节约能源以最小化气候变化的电影之后不久，由于他在纳什维尔家乡的家庭每年使用大量能源遭到批评。据事实检查网站（Factcheck.org）报道："美联社审核了戈尔的能源账单，并报道，2006年该家庭消费能源19.1万kWh"，远远超过纳什维尔普通家庭的用电量，其每年约为1.56万kWh（Karter，2009）。这种讽刺很明显，这份电子邮件在气候变化的党争中迅速流行起来。此后，戈尔的住宅及其系统得到实质性地升级，包括增加了33块太阳能电池板，这已经成为建筑物提高能效的标志。持更加中立态度的报道注意到纳什维尔1000sf大房子约比平均水平（2006年为2469sf）大4倍，所以能源使用比较应该以房屋的实际大小为基础。即使考虑到这个因素，建筑物仍然大量消耗能量，但是过度关注能源效率却忽略了更基本的一点。在我们的经济体中，不同家庭获取的财富多寡不同，更富裕且具有流动性的家庭不仅可以负担得起更大的房屋，而且房屋也成为这种财富和地位的象征。

　　能源效率测量本身还不足以讨论建筑物的适当尺寸（或用途）。为什么像艾尔·戈尔这样的政客就不能住大房子呢（实际是很多房子）呢？正如人类学知识表明，自第一个游牧部落以来，每个社会都依赖于一定的劳动分工，人与人及阶级与阶级之间的能量分化只会随着社会规模和复杂性而增加。当然，不平等程度是导致争端的一个不变的根源。确定一个建筑物的适当规模或质量涉及家庭对社会贡献的社会和经济测定。从这一层面考虑这个问题，使这一问题从个人克制问题转移到了花费其财富的社会集体决策问题。如果在一个地方作出减少消费的任何决定，例如要求艾尔·戈尔搬到较小房子里居住，都必须要再次决定在哪里消耗节省下来的资源（即谁应该住在大房子里）。一味地囤积资源只能延迟决定，增加消费压力。

　　目前，富裕社会正处于一个前所未有的富足时期，资源富足主要得益于日益高效地提取储存在碳氢燃料中的潜能。利用各种技术技巧，燃料已经被转化成各种形式工作和资源，从新鲜食品和一次性笔到凉爽的干燥空气。在最近过去两个世纪里，它们一直推动人口呈指数增长和其社会复杂性。然而，一旦达到一定的繁荣水平，富裕社会中的人口增长率通常就会下降，使这种富足积累持续下去。乔治·巴塔耶称这种积累是"被诅咒的份额"，也就是说所有已经发生的可能的增长形式留下的资源仍然必须以一定方式被消耗掉。用热力学中立语言来说，人类社会是一个开放的"耗散结构"，和龙卷风、生物有机体或生态系统一样，它们的存在需要能量支持，并通过存在消耗能量。可用能量越多，系统对增加耗散速度的结构选择也就越多，改变甚至破坏在较低能量状态条件下发展起来的布局安排。例如，看上去具有生产力的顶级森林仅存在于降雨、温度、阳光和营养物质的狭窄范围内。资源流改变的程度过大，将出现不同结构——草原、湿地、沙漠。

巴塔耶总体经济学的论文从生态经济学的基本前提开始："我们的财富起源和本质是由太阳辐射赋予的。"在这个前提下，他发现了与当代效率和生产力的异常依赖完全相反的一个道德教训：太阳不求回报地分配能量财富。一直在付出，却从不索求（Bataille，1988，P28）。巴塔耶关于太阳和累积财富的"压力"的观点直接来自弗拉基米尔·维尔纳茨基（Vladimir Vernadsky）。维尔纳茨基认为生物圈是："将宇宙辐射转化为以电、化学、机械、热能及其他形式表现的活化能的转换区域"（Vernadsky，1926）。维尔纳茨基解释了生物生命如何利用稳定的太阳能流转化岩石圈材料，产生大气的不稳定气体混合物，在太阳能流的压力下扩展到可达到的极限空间：

> 生命物质——作为一个有机整体——以一种类似于气体的方式在整个地球表面上蔓延；无论在其上升的道路上躲避障碍，还是克服它们，都会在周围环境中产生一种特定压力。 在时间过程中，生命物质用其连续外表皮覆盖了整个地球，只有在其包围运动受外力干扰时，才会发生缺失。
>
> ——Vernadsky，1926，loc 564

意识到过剩财富在某种压力下可以环绕地球内运动，启发了经济学家欧文·费舍尔（Irving Fisher）提出货币量化理论。1894年，他在瑞士漫步，看到流入和流出山塘的水流时，立即认识到了这一货币行为（Economist，2009）。流动的水流是收入，水池中集聚的水是资本，然后，根据水力学的基本计算，池中水量（特别是其深度）越大，流出水流的压力也就越大。费舍尔甚至建造了一台液压机模拟经济中的货币流动和汇集。直到20世纪前几十年中，费舍尔模拟的经济日益从碳氢燃料（在这点上主要是煤炭）中积聚的太阳能"水池"中导出。随着存储燃料的发现，其使用压力也在增长。根据最大功率原则，积累资源的压力是一种系统效应，一种表达形式开放的盲目力量。巴塔耶沉迷于各种社会处理压力方式，从美国土著居民夸富宴仪式中的仪式性破坏到战争中通常无意义的破坏水平。

碳氢化合物燃料的压力在规模和复杂性方面都已经推动了人类社会的增长，并激发了许多不同形式的增长实验。然而，我们没有理由假设这些形式是最佳形式。随着燃料提取量的增加，经济学家们发现了另一种称为"资源诅咒"的矛盾情况，其中以一种特别珍贵的燃料（通常是石油）的提取主导国家经济体，在经济方面不如采取多种经济体。具有"资源诅咒"特征的国家社会不平等程度更高，并倾向于受压迫性政体统治。与其他选择过程结果类似，"资源诅咒"并不是不可避免的——挪威就是最好的反例，但是能源和文化进化联系理论却需要与决定论问题作斗争。

文化演进

在莱斯利·怀特（Leslie White）1959年提出激进构想中，文化发展程度是可用能量与能量使用工具效率之间的一个简单函数，从人和动物体力到水、风做功，再到现在的浓缩燃料利用。他甚至用公式进行表达：能量×技术产生文化，"E×T→C"（White，1959，P47）。怀特命题中大胆地提出了决定论色彩，让许多人类学家都敬而远之，随后几十年中文化演进的主导模型也融入了多种驱动因素。在他们关于这一主题的经典文章中，阿兰·约翰逊（Alan Johnson）和蒂莫西·厄尔（Timothy Earle）将文化演进的"主要引擎"描述为："环境制约下的人口增长和技术发展"，这进一步强化、制度化了新的社会解决方案，并有了进一步增长和发展，同时还伴随着更多限制条件（Johnson & Earle，2000，P30）。在许多文化演进描述中，环境极限都起着约束作用，但系统生态学的潜在前提是：在有用速度（功率）下做实际工作的能力仍然是驱动全部各级水平上选择过程的首要力量。如食物就没有其可用能量的替代品。

人类学家托马斯·亚伯（Thomas Abel）调整了系统生态学的热力学前提，绘制了社会和经济系统中的工作和资源流图表，展示了通过不同社会中文化演进所呈现出的财富等级。作为他的出发点，亚伯解构了经济学家在企业生产和家庭消费之间作出的人为区分，并论证："'商业公司'这一术语没有物质实体，而更像是'家庭'之间相互作用的一个抽象联系核心"（Abel，2004，P190）。他认为家庭是首要的社会单位，其成员控制着不同类型的资产。简单的家庭提供劳动以获得工资，而控制商业的更强大的家庭贡献着劳动、土地、资本和其他资产。人类学图表重点在于人和人之间的相互作用，在支撑和扩大他们生产力的经济中追踪各种物质流（图5-9）。换句话说，尽管它们的经济价值在不断地变化，经济和政治力量直接来源于能量资源的层级集中。追踪这一层次的能值，揭示了可以随时间发展起来的不平等的社会和经济形式，以及当今社会赖以运行的巨大的生产和交换层级。

亚伯的第一个研究聚焦的是加勒比国家博内尔，1950年该地区的经济发展程度仅能勉强满足当地人温饱，到20世纪90年代发展成为现代旅游经济，拥有自荷兰输入的石油、投资、基础设施和专业技术。在随时间的发展图

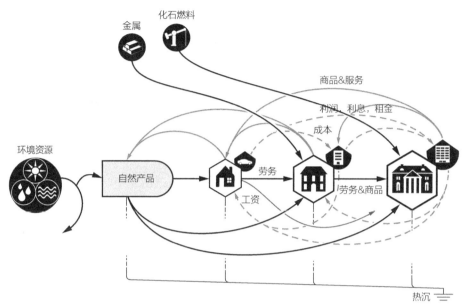

图5-9　家庭的社会经济层级

中，每个单位代表一类相似家庭，依据它们不同的能值强度从左到右排列，最富有和最强大的家庭位于右边（图5-10）。这一序列显示出随着家庭的增殖扩散和专业化分工及新的经济生境在增长的经济中出现时人口的增长状况。在亚伯看来，这种转变既是波及全岛的自组织过程中的一个结果，同时也是此过程发生的一个原因（Abel，2003，P16）。该序列说明了巴塔耶描述的富足"压力"效应，随着新的、更强大的资源到达博内尔岛，它们在新建筑物、企业和社会布局中得到了应用。这种分析规模为讨论建筑物的适合尺寸和使用及为更加具有批评性地思考可持续提供了一个更好的文脉背景。过剩资源的"诅咒"是消耗其压力，所以环境设计的挑战在于恰当地消耗资源，在其生态系统中增强整个经济体的繁荣及管理其废弃物产生的影响。

　　在最近一个对台湾这一更大、更综合的岛屿经济的研究中，亚伯简化了热力学图：他按照符号的大小显示相似家庭的数量，这样可以绘制出岛

184

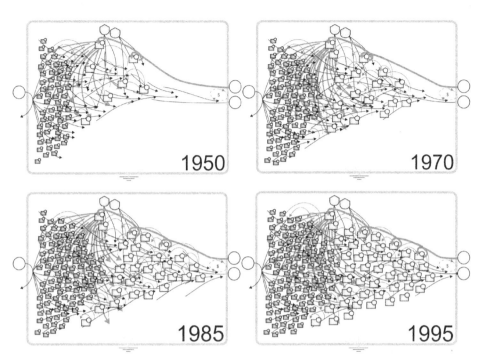

图5-10　社会经济网络，博内尔岛，1950～1995。1950年，新议会的产生改变了博内尔的未来。新的议会重新定义了博内尔和荷兰的关系。荷兰经济救助开始流入博内尔，基础设施如停车场、机场和公路等建设得到了投资。到20世纪70年代，几家出口工厂已经迁至博内尔。作为支持建造业也出现了。此后建设了一个新的水厂和发电厂。1950～1985年，博内尔岛上的人口翻了一倍，并且大部分人都有了工资。在博内尔岛内外的鼓舞下，这里的旅游业也即将发展起来

Abel，2003

屿各地区间人口的分布（Abel，2013）（图5-11）。台北资本和金融中心的上层中产阶级和经营家庭集中度最高，包括高科技产业和政府，但农村区域仅有少量的农业家庭人口，这点不足为奇。要解释这个情况也很简单。台湾的大部分食物都从东南亚和南美进口，还可以有效地将低收入农业工人人口出口到这些地区。反过来，又将优质产品出口到美国、欧盟和日本等更富有的"核心"国家和地区，将其定位于演化中的全球经济层次中。同样，随着美国财富的增长，通过把较脏的产业出口到其他较不富裕的国家，成功地减少了直接的空气和水污染，但这一过程同时还受到生物物理

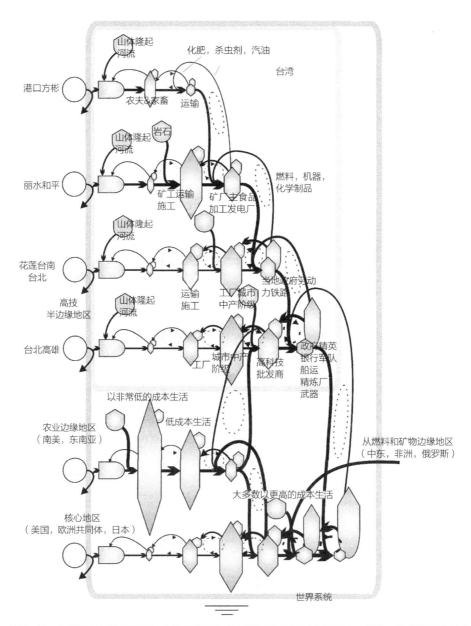

图5-11 在其世界系统环境下，台湾的空间层级展示了它的区域空间层次。在这一聚合和反馈的空间层级中每个位置的能流都不相同。每个区域都有其独特的环境输入，用四个互相区分的"产品"符号来表示，此外每地太阳、风、雨、潮汐的能流也各不相同。仅有某些地区得到来自国际商场的直接输入，商场也根据所需有选择性的得到反馈。家庭（及其可能控制的生意）吸引着与其在生产中不同角色相关的不同的资源

Abel，2013

和经济限制。全球气候变化没有国界，而出口较低工资的工作最终会增加这些地区的财富。

高质量燃料在这种规模的工作和人口不断重新布局中产生的效果是显而易见的，显示了家庭、城市、地区甚至国家都不能在来自富足压力下保持长时间隔离状态所达到的程度。《生态乌托邦》一书的根本前提之一是：西北地区不仅在政治上已经脱离了美国，而且当它发展成一个完全基于可再生资源经济体时，在文化和经济上仍然保持隔离状态（Callenbach，1977）。为了在未来社会和环境瓦解后幸存下来进行的家庭或国家隔离，可以称之为"生存主义"概念，可能很具吸引力，并且出现在从净零能源建筑到区域自治规划的许多规模上。但最大功率的选择原则表明：生态乌托邦的低功率生态经济最终将被其更高功率的邻区域以某种方式重新再辖域化——通过小说暗示直接军事行动，或通过许多其他途径，通过它更大功率的诱惑可能会渗透到经济和社会中来。最接近现实生活的可能是遍及整个美洲的阿米什（Amish）农民社区，这些社区在很大程度上保留了前工业时代的农耕实践。保留较小规模、较强适应能力，有选择地参与到相邻的富裕经济中，并且目前仍然坚持着。他们用自己的劳动力和过剩商品交易临近地区的工业产品，但他们不建造城市。

可以根据我们在21世纪早期的常规消费案例研究中的埃利斯之家的剩余能值确定富足压力。埃利斯之家建立时期资源非常丰富，冬天的时候甚至需要在原始车道和入口走道处嵌入电热器融化积雪，这节省了铲雪的人工劳动。这一研究曾经省略了这一特别的奢侈品，研究使用的数据来源于2005年前后，但它所属的经济仍能为家庭传送来巨大能量。如果我们使用美元的能值强度（sei/\$）和平均家庭收入来衡量该区位，埃利斯之家生产了相当于维持家庭消耗的两倍以上的能值。即使扣除国家和国家税收的票面价值，也还有大量盈余。至于用多余能量做什么，不同家庭将会有不同选择，但最终会被消耗，无论是娱乐、教育，还是慈善事业，也无论是否帮助了家庭的繁荣发展。

共同利益

在城市和经济体规模上思考环境建筑设计凸显了个人愿望与作为一个整体的社会利益之间持续的紧张关系。单个家庭、机构和社会从自己的角度自然地来处理这种选择，而整体的行为仍然是抽象和遥远的。正如《增长的极限》（Meadows et al.，2004）的作者们所观察到的："全球社会制度是非常非常复杂的，且其许多重要参数至今仍未测得，其中部分参数可能是不可测量的。"社会和经济布局同等复杂，所以"人类去观察、适应和学习，去选择和改变他们目标的能力使得系统天生就是不可预测的"。由福里斯特（Forrester）及其作者提出的世界模型Ⅲ（World3 model）只能描述：当它接近地球生物圈中的许多不同水平极限时，"系统的广泛波及的行为趋势"（Meadows et al.，2004，P140）。虽然它解释了我们关于遵守富裕压力作出的选择，但实现共同利益仍然是一个不能仅靠系统理论来解决的伦理困境。

这一部分论述从艾尔·戈尔房子的问题及它在社会和经济财富层级结构中的位置开始。当时流传的电子邮件中，将它和当时乔治·沃克·布什（George Walker Bush）总统（后来在任期结束后，他买了一座更大的房子）那时拥有的更小和更节能的牧场进行比较，这个党争的例子证明了建筑物的象征价值。进行社会过度行为和不公平程度的公开辩论和私人讨论有助于规范社会和几乎出现在每一个建筑规模中的重要反馈形式。我们争论在"C类"建筑中设计"A类"大厅的不恰当时，争论精度与争论炉子或灯具效率时的一样，并且，可以使用能值和资源质量的生态概念来协助进行比较。

区位的快与慢

在第五章中，我们探讨了区位的热力学，将环境建筑设计的主题放在城市和经济背景中。城市地区的增长和过去200年集体财富的增长直接地反映了高品质燃料的注入。城市和经济已经演变成由可用能源数量及质量改善驱动的更为复杂的层级化生产网络。碳氢燃料的长期地质准备和精炼，使其特别浓缩、可运输且易于转化为产品和服务，但同时也是几乎不可替代的。随着各种程度的浓缩，从简单燃料到电力和货币，可以更快传递和使用能量。浓缩和非物质化程度越大，与建筑建设的缓慢步伐的对比就越强烈。即使是土地经济价值的快速变化，也受到结构、基础设施和社会制度调整较慢步伐的制约。今天的高速公路、郊区和商场形成了可再生大都市的"山谷剖面"。

参考文献

Abel, Tom. 2003. "Understanding Complex Human Ecosystems: The Case of Ecotourism on Bonaire." *Conservation Ecology* 7 (3):art 10.

Abel, Thomas. 2004. "Systems Diagrams for Visualizing Macroeconomics." *Ecological Modelling* 178(1–2): 189–194.

Abel, Thomas. 2013. "Energy and the Social Hierarchy of Households (and Buildings)." In *Architecture and Energy: Performance and Style*, edited by William W. Braham and Daniel Willis. London and New York: Routledge.

Ascione, Marco, Luigi Campanella, Francesco Cherubini, & Sergio Ulgiati. 2009. "Environmental Driving Forces of Urban Growth and Development. An Emergy-based Assessment of the City of Rome, Italy." *Landscape and Urban Planning* 93: 238–249.

Bataille, Georges. 1988. *The Accursed Share: An Essay on General Economy*. New York: Zone Books.

Berry, Brian J. L., & Adam Okulicz-Kozaryn. 2012. "The City Size Distribution Debate: Resolution for US Urban Regions and Megalopolitan Areas." *Cities* 29: S17–S23.

Bettencourt, Luis, & Geoffrey West. 2010. "A Unified Theory of Urban Living." *Nature* 467 (October 21): 912–913.

Brown, Mark T. 1980. "Energy Basis for Hierarchies in Urban and Regional Landscapes." PhD, Department of Environmental Sciences, University of Florida, Gainsville.

Butcher, Luke, & Jill Sornson Kurtz. 2014. "Geographies of Emergy: Maximizing Environmental Settlement in Chautauqua." *Unpublished Final Project*. Master of Environmental Building Design, University of Pennsylvania.

Callenbach, Ernest. 1977. *Ecotopia: The Notebooks and Reports of William Weston*. New York: Bantam Books.

Calthorpe, Peter, & Suzan Benson. 1979. "The Solar Shadow: A Discussion of Issues Eclipsed." *Second National Passive Solar Conference*, Philadelphia, PA.

Calthorpe Associates. 2011. *Vision California: Charting Our Future: Statewide Scenarios Report*. Calthorpe Associates.

Campbell, Daniel E., Sherry L. Brandt-Williams, & Maria E. A. Meisch. 2005. "Environmental Accounting Using Emergy: Evaluation of the State of West Virginia." Narragansett, RI: US Environmental Protection Agency, Office of Research and Development.

Carroll, Glenn R. 1982. "National City-size Distributions: What do we Know after 67 Years of Research?" *Progress in Human Geography* 6(1): 1–43.

Christaller, Walter. 1933. *Die zentralen Orte in Süddeutschland: Eine ökonomisch-geographische Untersuchung über die Gesetzmässigkeit der Verbreitung und Entwicklung der Siedlungen mit städtischen Funktionen*. Jena: Gustav Fischer.

Christaller, Walter, & Carlisle Whiteford Baskin. 1966. *Central Places in Southern Germany*. Englewood Cliffs, NJ: Prentice-Hall.

Cristelli, Matthieu, Michael Batty, & Luciano Pietronero. 2012. "There is More than a Power Law in Zipf." *Scientific Reports* 2(812): 1–7.

Daly, Herman E., & Joshua Farley. 2011. *Ecological Economics: Principles and Applications*, 2nd ed. New York: Island Press.

Diamond, Jared. 2004. *Collapse: How Societies Choose to Fail or Succeed*. New York: Viking.

Economist. 2009. "Irving Fisher: Out of Keynes's Shadow: Today's Crisis has Given new Relevance to the Ideas of Another Great Economist of the Depression Era." *The Economist*, February 12.

Fujita, Masahisa, Paul R. Krugman, & Anthony Venables. 1999. *The Spatial Economy: Cities, Regions and International Trade*. Cambridge, MA: MIT Press.

Garreau, Joel. 1991. *Edge City: Life on the New Frontier*. New York: Doubleday.

Geddes, Patrick. 1949. *Cities in Evolution: An Introduction to the Town Planning Movement and to the Study of Civics*. London: Williams & Norgate.

Glaeser, Edward L. 2011. *Triumph of the City: How our Greatest Invention makes us Richer, Smarter, Greener, Healthier, and Happier.* New York: Penguin Press.

Hall, Charles A. S., & Kent A. Klitgaard. 2012. *Energy and the Wealth of Nations: Understanding the Biophysical Economy.* New York: Springer.

Hardin, Garret. 1968. "The Tragedy of the Commons." *Science* 162: 1243–1248.

Huang, Shu-Li, & Chia-Wen Chen. 2005. "Theory of Urban Energetics and Mechanisms of Urban Development." *Ecological Modelling* 189: 49–71.

Huang, Shu-Li, Hsiao-Yin Lai, & Chia-Lun Lee. 2001. "Energy Hierarchy and Urban Landscape System." *Landscape and Urban Planning* 53: 145–161.

Johnson, Alan W., & Timothy Earle. 2000. *The Evolution of Human Societies: From Foraging Group to Agrarian State,* 2nd ed. Stanford, CA: Stanford University Press.

Jorgensen, Sven Erik. 2007. *A New Ecology: Systems Perspective.* Amsterdam and Oxford: Elsevier.

Karter, Andrew. 2009. "Al Gore's Mansion." *Factcheck.org*, October 10.

Krugman, Paul. 1991. "Increasing Returns and Economic Geography." *Journal of Political Economy* 99(3): 483–499.

Lei, Kampeng, Zhishi Wang, & ShanShin Ton. 2008. "Holistic Emergy Analysis of Macao." *Ecological Engineering* 32: 30–43.

Light, Jennifer S. 2009. *The Nature of Cities: Ecological Visions and the American Urban Professions, 1920–1960.* Baltimore, MD: Johns Hopkins University Press.

Liu, Gengyuan, Zhifeng Yang, Bin Chen, & Lixiao Zhang. 2011. "Analysis of Resource and Emission Impacts: An Emergy-Based Multiple Spatial Scale Framework for Urban Ecological and Economic Evaluation." *Entropy* 13: 720–743.

Lösch, August. 1954. *The Economics of Location.* New Haven, CT: Yale University Press.

Meadows, Donella H., Jorgen Randers, & Dennis L. Meadows. 2004. *Limits to Growth: The 30-Year Update,* 3rd ed. White River Junction, VT: Chelsea Green.

Mumford, Lewis. 1956. "The Natural History of Urbanization." In *Man's Role in the Changing the Face of the Earth,* edited by William L. Thomas. Chicago, IL, and London: University of Chicago Press.

Nichols, Joseph B., Stephen D. Oliner, & Michael R. Mulhall. 2010. *Commercial and Residential Land Prices Across the United States.* Divisions of Research & Statistics and Monetary Affairs, Federal Reserve Board, Washington, DC.

Odum, Howard T. 1983. *Systems Ecology: An Introduction.* New York: John Wiley

& Sons, Inc.

Odum, Howard T. 2007. *Environment, Power, and Society for the Twenty-First Century: The Hierarchy of Energy*. New York: Columbia University Press.

Odum, Howard T., Mark T. Brown, L. S. Whitefield, R. Woithe, & S. Doherty. 1995. "Zonal Organization of Cities and Environment: A Study of Energy System Basis for Urban Society." In a *Report to the Chiang Ching-Kuo Foundation for International Scholarly Exchange*. Center for Environmental Policy, University of Florida, Gainsville.

Owen, David. 2010. *Green Metropolis: Why Living Smaller, Living Closer, and Driving Less are Keys to Sustainability*. New York: Riverhead Books.

Smithson, Alison, & Peter Smithson. 1954. *Team 10: The Doorn Manifesto*. Cambridge, MA: MIT Press.

Soddy, Frederick. 1912. *Matter and Energy*. New York: H. Holt & Co.

Tainter, Joseph A. 1988. *The Collapse of Complex Societies, New Studies in Archaeology*. Cambridge and New York: Cambridge University Press.

Thünen, Johann Heinrich von, & Peter Geoffrey Hall. 1966. *Isolated State* [English edition of Der isolierte Staat (1826)]. New York: Pergamon Press.

Vernadsky, Vladimir. 1926. *The Biosphere*. New York: Springer.

Weber, Alfred, & Carl J. Friedrich. 1929. *Alfred Weber's Theory of the Location of Industries, Materials for the Study of Business*. Chicago, IL: University of Chicago Press.

White, Leslie A. 1959. *The Evolution of Culture: The Development of Civilization to the Fall of Rome*. New York: McGraw-Hill.

Zipf, George Kingsley. 1949. *Human Behavior and the Principle of Least Effort: An Introduction to Human Ecology*. Cambridge, MA: Addison-Wesley.

图6-1　方舟，爱德华王子岛，新炼金术研究所

第六章

热力学叙事设计

但我的观点确实是：反乌托邦和后末世风的叙述是叙事，也就是故事：它们是事后天然虚构和整理的事物。叙述是静态的。真实的生命是运动的？

——Row, 2014

建筑是一个发现过程，即在它从未成为设计问题（制图、图纸）之前决定要做的工作。发现意味着识别出使项目可理解的叙事，但建筑叙事比营销描述的内容更多。它们是我们用来理解日常生活"动力学"的解释，解释了一个建筑的目的和花费。本书提出的论点是：关于建筑物的有意义叙事最终将是热力学的。地球的生物物理限制和不可改变的第二定律为经济和生物竞争提供了所需的稀缺资源，建筑物既是从竞争中积累财富的工具，也是财富标志。叙事是集中能量的一种形式，有助于将各种建筑物置于生产的社会和经济层级结构中的合理位置。经常用于解释环境项目的当代叙事包括：财富、能量（或能量损失）、生存主义、消费、奢侈品、污染、浪费、恢复力和健康。

　　尽管特异或新颖建筑类型需要更为详细的叙事，但对于普通建筑形式来说，建筑叙事常压缩建筑类型、风格、使用、建设和区位多个方面进行紧凑描述，例如全玻璃幕墙高层或郊区商场。许多不同建筑叙事试图将主动玻璃幕墙解释为是正在开发和发展的，但随着主动玻璃墙使用数量的增加，最终陷入了一种更加稳定的新鲜空气和能源效率核算（见导言）。已经证明很难表达抽象效能成绩，如净零能源或能源与环境设计先锋白金奖，因此在环保上雄心勃勃的建筑物经常采用更明显可见的元素，如绿色屋顶和光伏板，即使它们不是特别有效。但是一旦更为普遍地使用像绝热窗户或回收塑料管之类的技术，就不再被认为是特别环保了。大多数问题围绕这样的事实核心，"环保"这个术语主要用来描述仍不经济的建筑物或实践。即使它们的长期成本较低，在有大胆环保目标的建筑也很少建在较贫穷地区或衰败城市中。换言之，被认定为特别环保的建筑目前是一种奢侈品，标志着更大财富，也是加强财富的一种手段，自然需要更好的叙事。

　　最大功率、能量集中层级及材料共同循环的热力学原理扩大了可用于环境建筑设计的叙事类型。将一个项目置于在其所在城市、环境和自然层级结构中，为解释其环境成本和评价其对于财富生产的贡献提供了更全面的条件。全玻璃幕墙高层写字楼出现在当代大都会发展的巅峰，集中各种材料、能源和信息。纽约自由之塔或迪拜哈利法塔（Burj Khalifa）需要充分考虑其对土地价值的强化和对经济活动的输导，这大大超过了建筑本身的成本。当代高层办公楼的热力学叙事必须包括其占有者的住宅景观，以及用来供给大规模交通、供水和食物的大型基础设施。高层建筑最终讲述了一个关于城市能量和这种能量环境足迹的故事。

　　相比之下，生存主义者的撤退最大限度地解放了全玻璃建筑，为大部分可持续性设计提供了一种阴影叙事，所在位置脱离城市网络，当地材料建成，可生产自身所需食物和能量。生存主义者来自各个党派，避免了社会崩溃风险，并建立起净零能耗自治复合物的部分最极端形式。同样地，也可以从城市、郊区的环保项目用的屋顶花园、燃料电池和光伏板中识别出生存主义者的叙事，设想这些既可以缓解风险、点亮灯光，也可以减少对环境的影响。力量丧失带来的焦虑反映了人们对自然灾害和环境崩溃的可怕警告，这是可以理解的，这在反乌托邦和后末世风的虚构作品中被放大了。正如全玻璃幕墙高层建筑传达的力量意象，环保建筑设计者们需要理解用来解释甚至是最绿色建筑的竞争的叙事。

"方舟"建筑解释了生存主义者的叙事悖论，20世纪70年代中期利用新炼金术士（New Alchemists）建造的一个优雅的"生物庇护所"，说明了其自主运行的前景和限制。设计"方舟"的目的在于支撑家庭，其成员可以在几乎完全封闭的资源循环圈内种植作物、养殖鱼类和处理废弃物（Todd，1977）。它是一种生态管理模型，对农业进行的实验最终导致了"生活机器"的出现，如目前商业中可用的生物污水处理设施。但即使是最生态的生存主义者的营地，最终也是一个没有集镇或贸易网络的私有农场，这凸显了环保设计的危险诱惑。对于长期性的生存主义者来说，全面的热力学核算将揭示许多其他浓缩资源，如工具和信息，这是维持当前生活方式所必需的。根据对当代文明财富富足但资源马上面临稀缺这一现状的恐惧，生存主义者营地实际上反映了对全玻璃幕墙建筑的诉求的程度有所降低。

为了全面超越环保设计的边缘叙事，我们需要接受消费世界，考虑到餐馆、购物中心和奢华水疗中心的完整规模，它经常被指控为各种环境问题的根源。在他们《生态设计》一书中，西蒙·范·德·瑞恩（Sim Van der Ryn）和斯图尔特·考恩（Stuart Cowan）考察了一些造成消费驱动环境问题的常提到的原因——"资本主义、基督教、殖民主义、发展、人口爆炸、科学技术及家长制文化"（Van der Ryn & Cowan，2005，P19），并且排出每一条不充分原因。简而言之，就是对生活的基本欲望没有任何单一原因或解决办法。系统生态学有助于解释在生产和消费之间发生的各种反馈和放大，它们之间相互作用增强流经人类经济能量。只有理解功率最大化和花费可用资源的环境压力，才能形成一个更加完整的消费叙事，这开始于探索消费与浪费之间的联系。

消除地方和全球污染是最积极的环保叙事之一，这设计设置了绝对限制，最终意味着要利用某些其他实体和过程来安排废弃物消费。正如之前章节所示，设计每一尺度上的建设和使用都会产生废弃物，从建筑垃圾到废水，再到建筑物整体更换。除了净零能耗，对净零废弃物的要求还开启了更多设计可能性，因为材料可以被实际地回收利用，物质废弃物包括管理这些实在的东西。然而，在消耗和转化过程中，并不是每种废料都可以被有效地包含进建筑物内部。如减轻室内空气污染物，寻找合适的消耗地点和规模就非常必要。提供额外空间，用工作和资源中和废弃物可能成本很高，但这是自然生态系统用来补偿较低效率的技巧。效率较低的无废弃物建筑的环境影响最小，提供了一种最大功率叙事。

废弃物产生的速度和规模不同。土地价值变化和商业机会的周期创造了各种废弃物。城市高层、郊区购物中心和生存主义者隐居都是针对特定的近期未来的场景设计的，也对特定的经济、基础设施、气候和社会负责。如果这些因素中任何一个发生太大的变化，如果经济发生衰退，如果运输路线改变，如果气候变暖，如果政府更换，或者如果社会期望转变，则必须调整或放弃建筑物。许多这样的机会已被接受，并且形成了当代环保设计的一大部分内容，从为拆卸而设计到由亚力克斯·戈登（Alex Gordon）20世纪70年代提出的"长寿命，松适应"方法，并在《绿色建筑十则》一书中得到推广（Buchanan & Architectural League of New York，2005）。自然灾害突然破坏建筑物后，适应性的优点似乎变得明显起来，但对于清空美国铁锈地带①城市中位于市中心的社区或那种用高层建筑取代中国式庭院的较慢过程也是如此。

　　在最近的一项确定哪些叙事会说服更多的人投资节能建筑的调查中，调查人员发现了一个显著的党派分歧。自由主义者对于明确的环境参照作出了更为强烈的反应，而保守派更容易被能源独立的呼吁说服（Gromet，2013）。不像建筑物及其系统，一旦建成就难以改变，叙事可以更自由地进行调整。但它们并不完全是虚构的，在检验新的建筑物形式和用途时，它们是由设计师、客户、房地产广告和媒体制作和精炼而成的一种公共信息形式。后来历史学家试图识别、解释这些集体性解释，复制、增殖建筑时，这种叙事信息构成了"被选择"的大部分内容。

　　可持续（或绿色，或高效）建筑的适当风格问题可以解释建筑物及其叙事之间的动态的相互作用（Braham，2013）。建筑物表面风格特征讨论，与大多数建筑设计、分类及管理的方法来源的类型学描述相竞争。在常识理解中，类型描述了建筑物的深层特点，风格使这些特点（或多或少程度地）明显可见。例如，净零能耗是一种建筑类型，利用将能量消耗极限限定在现场可再生利用能源数量的公式进行解释。大部分平坦的大面积光伏板屋顶都是该公式带来的独特结构，但它确实构成了一种风格吗？正如查尔斯·詹克斯（Charles Jencks）这个细心的建筑风格资料记录者在他20世纪建筑学评论中观察到的："人们可能会认为激进主义传统已经垄断了生态要求，但所有人的接受方式都不同……重点是，当我们可能认为生态问题将仅由一两个运动所接

---

①　译者注：铁锈地带（Rust Belt）最初指的是美国中西部五大湖附近，传统工业衰退的地区，现可泛指工业衰退的地区。在19世纪后期到20世纪初期，美国中西部因为水运便利、矿产丰富，因此成为了重工业中心。钢铁、玻璃、化工、伐木、采矿、铁路等行业纷纷兴起。匹兹堡、扬斯敦、密尔沃基、代顿、克利夫兰、芝加哥、哈里斯堡、伯利恒、布法罗、辛辛那提等工业城市也一度相当发达。然而自从美国步入第三产业为主导的经济体系之后，这些地区的重工业就纷纷衰败了。很多工厂被废弃，而工厂里的机器渐渐布满了铁锈，因此那里被称为了铁锈地带，简称锈带。

管时，很多绿色建筑就会出现。"（Jencks，2000，P78）。

如詹克斯的研究工作表明：风格（或传统，或趋势，或运动）现在大多都用于定位20%的顶端建筑师，对他们所有人来说，竞争压力使得环境特征在一定程度上是有用的。比较而言，大多数显式设计方法是基于某种形式的建筑类型学。例如，区划和能源法规在很大程度上是基于使用或占据类型——居住、零售、制造、办公室等，因为建筑物中的大多活动都会引起代理机构试图予以规范的影响，如噪音、交通和污染。相反地，建筑法规中使用的类型是基于材料和组装方法分类的——钢框架、墙承重，而设计师和建筑历史学家则更有可能谈论酒吧建筑物或高层塔楼形式。当我们问及新类型如何随时间发展，什么使它们持久，为什么消失等问题时，类型描述的热力学性质就会变得清晰了。使用阿尔弗雷德·洛特卡的话来说就是，类型学寻求提供"稳定形式持久的原则"（Lotka，1922，P151）。

将此问题套入热力学术语中揭示了类型概念及其作为一种设计方法使用的缺点，尤其是在快速增长（或衰退）时期。现代建筑时代中许多特有专业化建筑类型，直接反映了工作（和休闲）的专业化，以及经济发展规模和复杂程度。这些类型描述了长期稳定、持续且足以加以识别的形式，但只能通过选择其生产过程进行解释，而不能用可变范畴进行解释。即使能量系统语言的描述性方面也可能陷入固定的建筑类型观念中，所以重要的是要记住洛特卡的警告："途径是非常重要的"。对于建筑，从叙事到设计是通过具体方法、工具和目标实现的。

多种（或至少三种）尺度设计方法

如果要持续下去，即使目标最为宏大的环境建筑也必须适应当前生产经济。然而，无论它们的配置是多么有效，仍受其所建（或所渴求）的高级能源驱动的网络化社会的社会期望和供应链的制约。这种情况在很大程度上决定着目前的效能设计方法。从20世纪70年代的能源供应危机开始（实际上在20世纪50年代初就有其根源），能源效能设计就已经被认为是对目前实践的渐进式改进。即确定参照建筑时，需要在使用类型、占地面积和方案设计的基础上对某个常用形式对照参照建筑进行评价。这种实用、渐进和类型学方法包含在决定第四代能源建筑物及其设计方法的建设法规和标准中。

起初，能源准则中建立起的改进量增加缓慢。但是在最近过去的十年中，应对气候变化的紧迫性及建设和运行中的改善，低于现行准则，标准已经推高到30%，甚至50%。然而，所有的效能策略都有其极限，超过极限它们对消费的影响将会减少或甚至"反弹"。而最大功率原则表明，如果可能的话，它们将被规避。例如，能量性能标准对占地面积进行规范，可以比较不同规模建筑物的效率；但这也意味着规范不协调建筑物的规模或数量，这些仍在不断增加。绿色建筑评估体系（LEED）和其他成套环保标准已成功扩大了评估效能类别，但它们只能通过逐步超越标准进行改善，渗透进市场。

相反地，净零（场所）能耗策略具有绝对程式：确定可捕获、集中在现场的能量的最大量（通常用太阳能光伏板），并设计建筑物以匹配该目标。使用与场所或生态系统的能力相关的绝对极限——净零能源、净零废弃物和违禁材料，需要更综合的设计方法，提供更多联系环境工作与所有类型建筑物的叙事。系统生态学对这种设计方法具有双重贡献。第一，利用能值核算来评估不同材料和资源的总环境成本为项目提供了更为系统的衡量方法，并比较建筑物中涉及的许多不同类别的工作和资源的方法。如，方便比较投入建筑外围护中的材料和用于环境调节的燃料。第二，更重要的是，最大功率、能量集中层级和材料共同循环的热力学原理提供了更为丰富的设计叙事，超越了环境、高效或可持续设计的边缘定义。

我们利用能量系统语言图确定了建筑物于不同的空间和时间尺度之间的

层级性相互作用，将建筑设计和运行与自然、技术、社会和经济系统的自组织连接起来。当然，建筑师很少一次从事超过一种尺度的多个项目。像建筑本身一样，该行业已经划分为一系列专门从事不同尺度的次级建筑学科，如本书中探讨的从城市和区域规划到室内和产品设计。和其他行业一样，专业化深化了设计专业，使项目交付更加有效，但环保建筑设计要求一种综合视角，如果仅是在各种尺度上框定设计极限，那倒好了。学生们首次使用能量核算来评估高性能表皮或净零能耗光伏配置效果，并学到结构和基础设施的成本与更有效的建筑操作成本相竞争时，常常感到惊讶。更为复杂的是，人们认识到：一个高效建筑物中活动消耗的资源成本会大大超越所降低的成本。改变建筑物的大小、用途、区位，或"管理"使用者不是建筑行业的常规服务，但向可再生经济转型所需的改变要求庇护所、场景和场所三个规模上的新的叙事、方法和设计范例。

庇护所

中级规模——庇护所建筑，已经开始了对建筑物的讨论，因为它是建筑学的学科焦点和明确建筑叙事发展所围绕的规模。暂时回到班纳姆，在他提出森林中部落的寓言后，描述了在不同气候中随着时间的推移而发展起来的庇护所的两种传统热力学叙事：当需要时吸收和释放热量的大规模"保护模式"，以及在气候条件中过滤和甄别更轻的"选择性模式"。但他实际上非常痴迷于更新后的动力操作的"再生模式"，将高品质燃料和电力转化为对温度和湿度的总体控制（Banham，1969）。几十年以后，迪恩·霍克斯（Dean Hawkes）再次称其为"排外模式"，因为到那时为止，高功率建筑外围护几乎完全被密封（Hawkes，1996）。早在21世纪早期，雷姆·库哈斯（Rem Koolhaas）已经重新命名该结果为"垃圾空间……自动扶梯与空调相遇的产物，在石膏灰胶纸夹板的孵化器中进行构思"（Koolhaas et al.，2002）。尽管班纳姆热衷于再辖域化外围护，垃圾空间标志着建筑物的能量操作解决方案和日益增长的非物质化作用的全球化。

建筑外表皮已经成为一种抵制垃圾空间再生、排外模式建筑的巨大希望，并且是一种最为清晰的表现形式。过去几十年中探索的许多叙事说明了外表皮可能性的深度，以及这些叙事所经历的稳定检验与精练。引言中讨论的主动玻璃幕墙与建筑外围护的技术配置具体地联系在一起，而"活态"建筑叙事比类型更为隐喻。尽管重新标榜为被动房时，超级绝热的建筑（平衡损失和收益）的更综合要求迅速地扩展了它的触及范围（Shurcliff，1980；Passive House，2014）；随着光伏板在建筑外围护中的整合，许多不同的正式探索似乎正在合并于净零能耗的严格定义（Torcellini et al.，2006）。特殊广义叙事中，调节中庭的原始采光功能与生物过滤器和亲生物本性共同演进。随着设计师们已经试图寻找更为根本的建筑叙事，最近的一些实验已经扭转了这一程式，探索了一般建筑形式中潜在的能量和环境叙事。伊那奇·阿巴洛斯（Inaki Abalos）探索了混合用途的高层建筑热力学（Abalos，2012），而基尔·摩（Kiel Moe）沉迷于重型材料热性能研究（Moe，2010；2014），30多年来杨经文（Ken Yeang）完善了绿色摩天大楼的叙事，认为它曾是环太平洋地区的巨型城市中的主导建筑形式（Yeang 1997；2002）。

气候和外围护的相互作用仍然是热力学创新的巨大根源，这一事实由温度、湿度、风和阳光的时间变化，及外围护影响热量交换的不同方面造成，包括损耗、热质量、时间常数、透明性和遮阳。庇护所建筑物也是受法规和标准调节的严格类型概念和方法制约最为严重的。二战后时期出现的垃圾空间，其内部负荷主导状况也已经被认为是正常或自然类型，而不是过剩能量和失衡建筑物的症候。基于对庇护所建筑物的上、下尺度加深的考虑，其扩展了外围护的热力学叙事。

场景

正如库哈斯在他的批评中所说，垃圾空间"总是内部的"，场景建筑带来的结果最为直接，并且引起了对同质化能量调节经验最深刻的批评。通过工作专业化、提高生产力、增加休闲时间，室内可用过剩能量与日常生活经验相冲突。建筑已成为能量集中和耗散的引擎，日益被压缩到21世纪早期的"三大屏幕中"（手持设备、台式机和电视机）。无论对生产还是娱乐来说，场景建筑叙事几乎完全与集体热衷信息价值联系在一起，但仍然与人们花费时间做什么有关。

对比两个普通屏幕图景得出网络化生活和工作效率的改善结果令人振奋。首先，人们休闲时坐在一个风景如画的场景中——海滩、草地或观景阳台，用联网笔记本电脑或移动设备工作，把休闲变成了工作。其次，火车、飞机、等候区或甚至办公室中，人们被工作义务束缚在这种情况中，在类似联网设备上看电视，从工作中释放宝贵时光。这些传达不同强大故事，有关工作、休闲和生产力（图4-4）及将这两个图景结合在一个不间断能量集中和功率最大化过程中生产和消费的热力学图。

当前场景环境叙事围绕着劳动和信息之间的权衡展开，列举埃利斯之家的响应版本进行解释。建筑外围护的适应性是由四处走动调整窗户的居住者（有或没有博士学位）的身体劳动和智力，或者是使用浓缩能量自动地完成该工作的复杂设备部署来完成的。由于浓缩能量成本的增长，向任何可再生经济形式转变，都需要新的工作形式。从需要更多工作的家庭向智能家庭的转变，是我们目前试验方法的范围，从照明（占据传感器）、管道（自动冲洗）和调理（学习型节温阀）到食品（预期交付），但真正的权衡几乎仍是看不见的。我们需要对建筑中工作和信息之间的相互作用进行全面能量核算。

场所

每个建筑都是为地景（和经济）中特定区位而设计的，不管是否真正位于该地方。场所建筑设计叙事结合了实际区位评估和项目作用论证。正如我们在第五章中所阐述的那样，区位价值是通过其与城市和经济集中的关系建立起来的。在城市和地区规模上，设计成为一种介入强大自组织过程的方式，随后，它决定了建设或是不建设建筑物的类型。

正如我们在本书中指出的，下个世纪的设计挑战在于使用21世纪大都市的技术和期望，返还18世纪城市的可再生资源基础。城市及其经济不断变化的空间组织将改变建筑设计条件要求，从规模和目的到质量和合适水平，而诸如信息技术的技术创新，将持续打破目前的解决模式。生态学家理所当然要面对这种复杂性，系统生态学的热力学原理为有利于解决环境建筑设计克服主张世界末日的马尔萨斯主义的环保主义者、一部分技术乐观主义者及减少消费与增加能源的呼吁之间存在的紧张关系。

如果系统生态学教会了我们什么，那就是让我们知道未来是不确定的。我们可以自信地预测石油（或天然气，或煤炭）峰值和气候变化，但关于这些变化如何又是何时展开的以及其他细节，我们只能想象，这属于设计领域。最大功率原理的更深层意义在于：可能会开采地下的高能燃料，如果任何国家或人群放弃使用这些燃料，那么他们将被那些继续使用的国家或人群超越。但是，这些燃料的开采速度、使用方式以及废弃物处理方式是一个多尺度上的设计（和政策）问题。将该项目重点放在转型的世纪上，有助于克服主导经济计划的增量计算，更好地切合建筑和城市中建设和更新的特征周期。过去200年的燃料驱动文明改变了一切，从建设和组织城市到共同生活方式，我们没有理由假设，更难驱动这种增长的燃料，且使用成本变高，会减缓变革步伐。

近几十年来，已经出现了城市转型的新热力学叙事，从生态乌托邦到智能城市，它们结合了能量生产的新形式、农业、交通运输和定居模式。阿布扎比的玛斯达尔将一种净零能耗基础设施布局于设有围墙的沙漠城市中，捕获了集体性想象力。但是从诸如上海东滩和天津到欧盟"2050年路线图"的生态城市，新城市布局的想象性叙事大体地属于大卫·奥尔（David Orr）称为"技术"可持续性的范畴。他将这种范畴与重新思考"最初使我们陷入困境的实践"和前提的"生态学的"模式进行比照（Orr，1991，P24）。通过列举"智能城市"技巧来解释技术模式，它们利用网络系统中海量可用信息流线地组织城市运营。在目前的构想中，智能信息通过提高效率来增强功率，但在系统生态学矛盾性的第一定律中，最大功率发生在中等效率水平上。生态解释呼吁有助于在能量供应变化时定位城市代谢的关键平衡点。

小说《生态乌托邦》开篇就描绘了一个强制使用较慢出行方式的城市中，街道更安静、环保，但是这种生态乌托邦的一切前提都建立在限制追求速度所需的政治和经济"力量"的基础上。交通堵塞和个人速度追求说明了干预介入集体性自组织过程的复杂性。为什么？因为处于交通堵塞中的每个人实际上是自己选择堵在其中的。他们都奋力争取最大交通速度和距离，全体协作导致这一状况。每次拓展、改进高速公路系统都为个人测试极限提供了新机会，同时，由于整体系统以个人速度换取整体功率，平均行车速度仍然很低。

结论：环境建筑设计的热力学原理

建筑师是天生的系统思考者，接受训练后，可以将部分和整体放在一起考虑，并想象未来的多种可能性。但是，这种训练根植于空间布局和欧几里得几何，所以他们对能量、增长和转换的处理方法仍然在很大程度上是描述性和类型性的。在《系统之美》一书中，唐娜·梅多斯（Donella Meadows）

观察到:"尽管深入参与到一个系统中的人通常本能地就知道在那里去寻找杠杆点,他们也仍会将变化推向错误方向"(Meadows,2008,P145)。近几十年来,建筑师一直深入从事激进变革,提出了新的建筑形式、新的定居模式和新的设计方法,但他们经常都是向错误方向推动。这一行业已经接受完全基于更有效率建筑物的技术可持续程式了。

能量系统语言可以帮助设计者更好地理解他们已经识别出的杠杆点行为,开发更有意义的叙事和方法,并将其转化为设计。根据热力学的三个系统原理,我们可以确定环保建筑设计的三个杠杆点,每个杠杆点都可以在多个尺度上进行阐述。

三个杠杆点

第一个杠杆点是效率,建筑物及其系统有效性具有深远的限制意义。更有效的转换可以减少浪费,但最大功率发生在中等效率,所以我们必须接受各种形式的浪费。这适用于空间和时间效率,同样也适用于从城市密度到人们花费时间方式转化的显性燃料效率。

各种废弃物总消耗设计

第二个杠杆点是在建筑物中使用浓缩、高价环保资源。降低或消除高成本的资源似乎合情合理,但明智使用诸如塑料、电力和信息的高强度资源可以提升整体繁荣。

建筑物中浓缩资源、强度和质量的全层级设计

第三个杠杆点是材料、建筑物和区位的耐久性。建筑物或组件的寿命越长,它们可以提供的服务就越多,但是填埋场到处都是美国家庭五年重新安

置周期中扔掉的耐用花岗岩台面。一次性产品和短期事件与节奏更快活动的长期建设的同样重要。

设计建筑物耐久性和寿命，匹配变迁的特征周期

所有这三点是复杂自组织系统中的平衡、规模和比例问题，要求设计师适应于随着时间推移建成环境以之展开的动态模式。

宜居建设

环境设计方法会全面考虑建筑物的各个方面，认识到它们是社会和文化企业中人们使用的工具，其经济最终受生物圈生态的限制。这种方法涉及三个方面：使用系统生态学和生态经济学原理，更加清晰地解释"环境"一词；在三个活动的规模上拓展对建筑物的理解；最后，延伸设计及其叙事概念。多年来，建筑师已经经历了太多次"召回秩序"，以至于看起来像是在故作姿态，但是如果有助于塑造和适应新的生活方式，建筑就获得了最大成功。环境建筑设计的最终原则是宜居建设，我们可以舒适地生活在其中（Frascari，1991）。

参考文献

Ábalos, Iñaki. 2012. Thermodynamic Somatisms Verticalscapes. In *Thermodynamics Applied to Highrise and Mixed Use Prototypes*, edited by Iñaki Ábalos and Daniel Ibáñez. Cambridge, MA: Harvard Graduate School of Design.

Banham, Reyner. 1969. *The Architecture of the Well-Tempered Environment*. Chicago, IL: University of Chicago Press.

Braham, William W. 2013. "Architecture, Style, and Power: The Work of Civilization." In *Architecture and Energy: Performance and Style*, edited by William W. Braham and Daniel Willis. New York: Routledge.

Buchanan, Peter, & Architectural League of New York. 2005. *Ten Shades of Green:*

Architecture and the Natural World. Architectural League of New York. New York: Distributed by W. W. Norton.

Frascari, Marco. 1991. *Monsters of Architecture: Anthropomorphism in Architectural Theory*. Savage, MD: Rowman & Littlefield.

Gromet, Dena. 2013. "Political Ideology Affects Energy-efficiency Attitudes and Choices." *Proceedings of the National Academy of Sciences* 110(23): 9314–9319.

Hawkes, Dean. 1996. *The Environmental Tradition: Studies in the Architecture of Environment*. London and New York: E. & F. N. Spon/Chapman & Hall.

Jencks, Charles. 2000. "Jencks's Theory of Evolution: An Overview of Twentieth-century Architecture." *Architectural Review* 208(1241): 76–79.

Koolhaas, Remment, Chuihua Judy Chung, Jeffrey Inaba, & Sze Tsung Leong, Eds. 2002. *Harvard Design School Guide to Shopping*. Harvard Design School Project on the City. Cambridge, MA: Harvard University Graduate School of Design.

Living Machine Systems. 2014. www.livingmachines.com.

Lotka, Alfred J. 1922. "Natural Selection as a Physical Principle." *Proceedings of the National Academy of Sciences* 8: 151–154.

Meadows, Donella. 2008. *Thinking in Systems: A Primer*. White River Junction, VT: Chelsea Green.

Moe, Kiel. 2010. *Thermally Active Surfaces in Architecture*. New York: Princeton Architectural Press.

Moe, Kiel. 2014. *Insulating Modernism: Isolated and Non-Isolated Thermodynamics in Architecture.* Basel: Birkhäuser.

Orr, David W. 1991. *Ecological Literacy: Education and the Transition to a Postmodern World*, SUNY Series in Constructive Postmodern Thought. Albany, NY: State University of New York Press.

Passive House Institute. 2014. *Active for More Comfort: Passive House. Information for Property Developers, Contractors, and Clients*. Darmstadt, Germany: International Passive House Institute.

Row, Jess. 2014. "The Empties." *New Yorker*, November 3.

Shurcliff, William. 1980. *Superinsulated Houses and Double-Envelope Houses: A Preliminary Survey of Principles and Practice*, 2nd ed. Cambridge, MA: William A. Shurcliff.

Todd, John. 1977. "Tomorrow is Our Permanent Address." *Journal of the New Alchemists* 4: 85–113.

Torcellini, Paul, Shanti Pless, Michael Deru, & Drury Crawley. 2006. "Zero Energy Buildings: A Critical Look at the Definition." ACEEE Summer Study, Pacific Grove, CA.

Van der Ryn, Sim, & Stuart Cowen. 2005. *Ecological Design*, 10th anniversary ed. Washington, DC: Island Press.

Yeang, Ken. 1997. *Skyscraper, Bioclimatically Considered: A Design Primer*. London: Wiley-Academy.

Yeang, Ken. 2002. *Reinventing the Skyscraper: A Vertical Theory of Urban Design*. Chichester: Wiley-Academy.

附录A: 能量系统语言

本附录阐述了本书所用基本符号及图表。能量系统语言是一种通过追踪能量、物质及信息交换,描述复杂系统的方法。受林德曼(Linderman)营养动力论启发,奥德姆及其同事进一步拓展了这一方法的使用范围,以此描述几乎所有系统的结构、组织(详见第一章),并充分利用现存系统绘制电路图。从概念上讲,此类电路图与电气图相似,只是把电线换成能源线路,显示能源从一点到另一点之间的移动路线。但是就生态系统常见进程而言,尤其是针对很多不同的潜能传递、浓缩形式,奥德姆又提出很多新符号。该语言根植于热力学及自组织系统原理。

任何环保评估开始前必须要分辨分析范围或边界,绘制建筑物内工作及资源囤积、流动、资金及服务图表。本书认为建筑物分析有三个自然边界——场所、庇护所和场景,但是分析范围最终取决于分析目的。可以根据功能、空间关系及材料或资源绘制建筑物图表,并且图表绘制在很多方面都是使用方法中最重要的一步,通常开始绘制图表前,需要作大量探索工作,确定分析对象及涉及的不同资源及其之间的相互作用。

分析可能会受到各种可用数据的限制，但是分析前需要确定所有工作形式及项目实施过程中的资源交换。

通常情况下，能源系统语言用来追踪两种相关数量，体现在营养物、材料、燃料及有能力完成部分工作的任何能储和能流中能量及累积、耗散能量或能值。使用能值作为太阳能的通用单位，可以对比、评估各种输入及过程，以简化图的形式呈现结果，简化图包含大量信息，描述系统的重要关系。

以下是本书中用来描述埃利斯之家的符号。虽然提出这些符号后，读者可以充分联系本文给出的所有示例，但列举的符号并不全面，我们在描述其他系统时还可能遇到很多其他的术语和符号。同时，文中选择的特殊符号也取决于图表的范围及使用目的。比如，区域经济图解中关注建筑施工或资源消费者的图表中，建筑物的功能就是存储势能。更多能源系统语言和能值追踪"代数"信息，可以参考研究文献（Odum 1983, 1996, 2007; Brown 2004; Brown和Ulgiati 2004）。

消费者。在将能量返还系统前存储、转化能量。本书中最常见的消费者是人类，但在更大范围的城市及经济配置图表中，建筑物也可以被视为消费者。

能量流动。能量流动符号是能量系统图表的基础，每个箭头都代表不同物质、机制的有效传输能力。

通用过程。这一符号表示复杂的子系统，这种简化方式使图表清晰易懂。包含从炉子、空调到空间单元（如厨房）的各个方面，任何通用过程涉及的活动都单独在详细图表中被放大。

热沉。表示有用能源从系统中扩散出来，作为低位热能，不能再进一步使用。所有能源交易及流动都会在摩擦和熵流中发生损耗，因此不能进行有用工作。

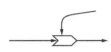

相互作用。这一符号表示两个或多个能量流之间相互作用产生一种或多种流出能量，这种相互作用与输入量成比例，或者由多个因素确定。

生产者。收集、转化低品质能量，然后再以一种有用流出能量的形式返还给系统。绿植是生态系统中的典型生产者，特定情景中，太阳能集热器或风力涡轮机是生产者。

自组织实体。可以是任何能够存储潜能、使用部分潜能调节或提高其获取可用能源的能力的系统。从本质上来看，类似消费者和生产者的较复杂单元都是自组织结构，可以按照需要表示其内部机制。

来源。这一符号表示分析系统外的复杂生产链结果，这种简化方式可以使图表清晰易懂，表示明确的能量来源（如太阳或电能），以及任何将潜能运至考虑中系统的物质，如从矿产到信息。

存储。这一符号表示系统中可以获取、存储输入的势能并按照既定规则释放的元素，可以用来描述货物的物理存储、能量的集中存储或建筑围护结构包含的能值。

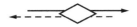交易。这一符号表示利用货币换取能量、货物或服务的一种经济交易，在这一过程中，货币流向能流或能值的相反方向，价格根据市场（接收器）估价有所波动。

图A-1　能量系统语言符号

参考文献

Brown, Mark T. 2004. "A Picture is Worth a Thousand Words: Energy Systems Language and Simulation." *Ecological Modelling* 178: 83–100.

Brown, Mark T., & Sergio Ulgiati. 2004. "Emergy Analysis and Environmental Accounting." In *Encyclopedia of Energy*, edited by Cutler J. Cleveland. Amsterdam: Elsevier.

Odum, Howard T. 1983. *Systems Ecology: An Introduction*. New York: John Wiley & Sons, Inc.

Odum, Howard T. 1996. *Environmental Accounting: EMERGY and Environmental Decision Making*. New York: John Wiley & Sons, Inc.

Odum, Howard T. 2007. *Environment, Power, and Society for the Twenty-First Century: The Hierarchy of Energy*. New York: Columbia University Press.

附录B：埃利斯之家的能值合成

本附录总结了本书案例研究中三个埃利斯之家版本的能值合成，下面每一小节是一个结果表，表格下面是对数据来源的解释及每个表格的计算方式。表B-1是建筑物材料及内容；表B-2是建筑物所有做功及能源的简明摘要；表B-3是同种材料分解到三种不同层面的使用及个人活动中的情况。

完整的环境核算包括施工材料（从现场作业到家居设施）、购买电力及各种可再生资源的总成本，我们采用埃利斯之家举例说明了可能涉及的所有因素。计算格式取决于特定项目通常使用的计量单位，如重量（kg）、含能量（J）或美元（\$）。本书中研究的能量系统语言的一个优点在于可以直接对比根据不同计量单位计算出的环境成本。

环境成本对比

重量（kg）计量材料

主要重量计量材料包括施工材料和用水。埃利斯之家的施工数据以详细的建筑信息模型为基础，利用该模型估算每种组件和材料。计算总做功及资源用量的基本方法是使用研究文献中报导的或原始资料中提出的单位能值（UEV）。评估建筑材料的总做功及资源用量时，以重量为计量单位：

材料A的总能值（sej）=材料A的重量（kg）×材料A的UEV（sej/kg）

如第3章中所述，总年度成本是利用简单折旧核算方式计算出来的，总环境成本除以该材料或组件的预期使用寿命。

$$材料A的年度能值成本（sej/yr）= \frac{材料A的总环境成本（sej）}{材料A的平均使用寿命}$$

含能量（J）计量材料

从概念上讲，含能量计量项是最容易记录的。本表格中，可再生能源资源和购买的设施能源，以及直接以做功为单位计量的任何其他过程都是现成可用的。改造之前的埃利斯之家没有可用的公共设施数据，并且没有精确到亚米级，所以使用研究调查所得的规范数据估算改造前的能量损耗及用途不同的能源分布。与以重量计算方式一样，含能量和核算方法取决于文献中已经充分研究的单位能值。鉴于报告时采用的是年度资源流的形式，不需要折旧核算：

来源A的年度能值成本（sej/yr）=来源A的能量（J/yr）×来源A的UEV（sej/J）

经济成本计量材料（$）

这类产品或服务没有现成可用的明确重量或能量数据，根据建筑物建造及运营经济中的平均UEV估算其环境成本。埃利斯之家也是利用这种方法估算其一年内消耗的"非持久"物资、该地块的年度成本及劳动力价值：

来源A的年度能值成本（sej/yr）=来源A的成本（$/yr）× UEV经济（sej/$）

汇总表

本书针对埃利斯之家总共制定了三个汇总表。表B-1详细列举了施工材料，说明了每种元素的重量、UEV和平均使用寿命，据此计算总年度能值成本。表B-2按照不同投资或成本类型，总结了所有家庭支出，包括可再生资源、折旧资产、资料服务、集中能量及与所在地直接相关的成本等，有助于了解不同资源的相对成本，确定相对成本及影响比率，如环境负荷率、ELR，指明了购买投资和可再生投资之间的比例。表B-3描述的材料与表B-2相同，分为场所、庇护所和场景三个类别，明确地描述了不同的资源使用活动，尤其适用于评估建筑物不同设计任务以及不同于食物或水源供给费用的气候改善成本。

表B-1

施工材料

项目		规格	UEV (sej/kg)	使用寿命 (yr)	原始版			改进版		零能耗被动房版	
					原始数据 (kg)	能值 (sej)	年度能值 (sej/yr)	原始数据 (kg)	年度能值 (sej/j)	原始数据 (kg)	年度能值 (sej/j)
现场作业											
土地使用	地面开挖		1.13E+11	80	258,505.7	2.9E+16	3.65E+14	258,505.7	3.65E+14	258,505.7	3.65E+14
外路面	现浇灰色混凝土		1.81.E+12	40	5361.4	9.79E+15	2.43E+14	5361.4	2.43E+14	5361.4	2.43E+14
	现浇灰色混凝土		1.81.E+12	40	2027.5	3.67E+15	9.17E+13	2027.5	9.17E+13	2027.5	9.17E+13
	现浇灰色混凝土		1.81.E+12	40	904.9	1.64E+15	4.09E+13	904.9	4.09E+13	904.9	4.09E+13
	2" 橡树合木板		8.80.E+11	40	7142.5	6.29E+15	1.57E+14	7142.5	1.57E+14	7142.5	1.57E+14
车道	4" 沥青		4.74.E+11	40	13331.8	6.32E+15	1.58E+14	˙3331.8	1.58E+14	13331.8	1.58E+14
	2" 碎石		1.06.E+10	80	35552.6	3.77E+14	4.71E+12	35552.6	4.71E+12	35552.6	4.71E+12
	现场作业总计			54	3.23E+05	5.72E+16	1.06E+15	3.23E+05	1.06E+15	3.23E+05	1.06E+15
结构											
构造柱	钢		6.97.E+12	80	560.1	3.90E+15	4.88E+13	560.1	4.88E+13	560.1	4.88E+13
结构梁	钢（ASTM A992）		6.97.E+12	80	1373.6	9.57E+15	1.20E+14	1373.6	1.20E+14	1373.6	1.20E+14
木框	2x4,16" OC		8.80.E+11	80	724.1	6.37E+14	7.96E+12	724.1	7.96E+12	724.1	7.96E+12
覆板	1/2" 胶合板-OSB		2.66.E+12	80	638.9	1.70E+15	2.12E+13	638.9	2.12E+13	638.9	2.12E+13
砌体外墙	混凝土砌块		1.81.E+12	80	29564.4	5.35E+16	6.69E+14	29564.4	6.69E+14	29564.4	6.69E+14
屋面檩条	2x10,24" OC		8.80.E+11	80	1794.1	1.58E+15	1.97E+13	1794.1	1.97E+13	1794.1	1.97E+13
屋面覆板	1/2" 胶合板-OSB		2.66.E+12	80	1416.4	3.77E+15	4.71E+13	1416.4	4.71E+13	1416.4	4.71E+13
	结构总计			80	3.61E+04	7.47E+16	9.33E+14	3.61E+04	9.33E+14	3.61E+04	9.33E+14
外部围护											
地基	4" 颗粒填充		1.06.E+10	80	35500.3	3.76E+14	4.70E+12	35500.3	4.70E+12	35500.3	4.70E+12
	0.23" HDPE		8.85.E+12	80	31.9	2.82E+14	3.52E+12	31.9	3.52E+12	31.9	3.52E+12
	4" 钢筋混凝土		1.81.E+12	80	44374.5	8.03E+16	1.00E+15	44374.5	1.00E+15	44374.5	1.00E+15
	5.4%混凝土		6.97.E+12	80	7823.6	5.45E+16	6.82E+14	7823.6	6.82E+14	7823.6	6.82E+14

砖外墙	1"多孔聚苯乙烯	80	7.87.E+12	175.0	1.38E+15	1.72E+13	350.1	3.44E+13	507.6	4.99E+13
	普通砖	80	8.38.E+11	15444.4	1.29E+16	1.62E+14	15444.4	1.62E+14	15444.4	1.62E+14
	HDPE	80	8.85.E+12	15.3	1.35E+14	1.69E+12	15.3	1.69E+12	15.3	1.69E+12
	玻璃纤维垫（R-11）	80	7.87.E+12	61.1	4.81E+14	6.01E+12	122.1	1.20E+13	287.9	2.83E+13
	1/2"石膏墙板	80	1.68.E+13	1866.8	3.14E+16	3.92E+14	1866.8	3.92E+14	1866.8	3.92E+14
	丙烯漆料	80	1.50.E+13	23.4	3.51E+14	4.39E+12	23.4	4.39E+12	23.4	4.39E+12
砌体外墙	水泥基灰泥	40	4.50.E+09	5603.6	2.52E+13	6.30E+11	5603.6	6.30E+11	5603.6	6.30E+11
	0.1"砂浆	80	3.30.E+12	481.2	1.59E+15	1.99E+13	481.2	1.99E+13	481.2	1.99E+13
	HDPE	80	8.85.E+12	20.1	1.78E+14	2.23E+12	20.1	2.23E+12	20.1	2.23E+12
	2"多孔聚苯乙烯	80	7.87.E+12	229.7	1.81E+15	2.26E+13	459.3	4.52E+13	1102.3	1.08E+14
	1/2"石膏墙板	80	1.68.E+13	2457.3	4.13E+16	5.16E+14	2457.3	5.16E+14	2457.3	5.16E+14
	丙烯漆料	10	1.50.E+13	30.8	4.62E+14	4.62E+13	30.8	4.62E+13	30.8	4.62E+13
屋面	沥青屋面板1/4"	25	3.26.E+12	1895.3	6.18E+15	2.47E+14	1895.3	2.47E+14	1895.3	2.47E+14
	2"玻璃纤维垫	25	7.87.E+12	34.3	2.70E+14	1.08E+13	68.6	2.16E+13	188.6	5.94E+13
	15lb（磅）油毡纸	25	5.20.E+12	193.4	1.01E+15	4.02E+13	193.4	4.02E+13	193.4	4.02E+13
烟囱	普通砖（6lb/单位）	80	8.38.E+11	7505.0	6.29E+15	7.86E+13	7505.0	7.86E+13	7505.0	7.86E+13
	粘合剂-砂浆	40	3.30.E+12	1468.4	4.85E+15	1.21E+14	1468.4	1.21E+14	1468.4	1.21E+14
窗	木材	80	2.40.E+12	1366.4	3.28E+15	4.10E+13	1366.4	4.10E+13	1366.4	4.10E+13
	玻璃	40	1.41.E+12	1679.6	2.37E+15	5.92E+13	3359.3	1.18E+14	5028.9	1.77E+14
	丙烯漆料	10	1.50.E+12	34.1	5.11E+14	5.11E+13	34.1	5.11E+13	34.1	5.11E+13
门	木材	80	2.40.E+12	848.7	2.04E+15	2.55E+13	848.7	2.55E+13	848.7	2.55E+13
	玻璃	40	1.41.E+12	51.1	7.21E+13	1.80E+12	102.2	3.60E+12	154.7	5.45E+12
	铝灰	40	2.13.E+12	689.5	1.47E+15	3.67E+13	689.5	3.67E+13	689.5	3.67E+13
	丙烯漆料	10	1.50.E+13	22.4	3.35E+14	3.35E+13	22.4	3.35E+13	22.4	3.35E+13
	AL（铝材）	40	2.13.E+12	1861.5	3.97E+15	9.91E+13	1861.5	9.91E+13	1861.5	9.91E+13
外围护总计		70		1.32E+05	2.60E+17	3.73E+15	1.34E+05	3.85E+15	1.37E+05	4.04E+15

219

项目	规格	UEV (sej/kg)	使用寿命 (yr)	原始版 原始数据 (kg)	原始版 能值 (sej)	原始版 年度能值 (sej/yr)	改进版 原始数据 (kg)	改进版 年度能值 (sej/j)	零能耗被动房版 原始数据 (kg)	零能耗被动房版 年度能值 (sej/j)
系统：HVAC、电力及水管设施										
排水系统	0.03" 铝合金	2.13E+12	20	47.3	1.01E+14	5.04E+12	47.3	5.04E+12	47.3	5.04E+12
	瓷浴缸	3.06E+12	40	35.4	1.08E+14	2.71E+12	35.4	2.71E+12	35.4	2.71E+12
	瓷钢浴缸	5.03E+12	40	42.6	2.14E+14	5.36E+12	42.6	5.36E+12	42.6	5.36E+12
	淋浴底盆，水磨石	5.40E+12	40	68.0	3.67E+14	9.19E+12	68.0	9.19E+12	68.0	9.19E+12
	厕所，TOTO CST764SG	3.06E+12	30	148.3	4.54E+14	1.51E+13	148.3	1.51E+13	148.3	1.51E+13
	洗脸盆	3.06E+12	30	63.5	1.94E+14	6.48E+12	63.5	6.48E+12	63.5	6.48E+12
机械系统	炉子，Bryant 355AAV	7.76E+12	25	92.1	7.15E+14	2.86E+13	92.1	2.86E+13	92.1	2.86E+13
	空调，Bryant 552A	7.76E+12	25	76.2	5.91E+14	2.37E+13	76.2	2.37E+13	76.2	2.37E+13
	热水器	7.76E+12	25	95.3	7.40E+14	2.96E+13	95.3	2.96E+13	95.3	2.96E+13
	水槽	6.97E+12	25	7.3	5.06E+13	2.02E+12	7.3	2.02E+12	7.3	2.02E+12
风道、电线、管道	镀锌钢	2.27E+12	80	672.7	1.53E+15	1.91E+13	672.7	1.91E+13	672.7	1.91E+13
	PVC绝缘铜线	9.90E+13	80	183.0	1.81E+16	2.26E+14	183.0	2.26E+14	183.0	2.26E+14
	灯泡	2.87E+12	0.33	1.7	4.88E+12	1.48E+13	1.7	1.48E+13	1.7	1.61E+13
	碳钢（供给）	3.38E+12	80	362.6	1.23E+15	1.53E+13	362.6	1.53E+13	362.6	1.53E+13
	PVC（排水）	5.84E+12	80	119.1	6.96E+14	8.70E+12	119.1	8.70E+12	119.1	8.70E+12
	系统总计		61	2.02E+03	2.51E+16	4.12E+14	2.02E+03	4.12E+14	2.02E+03	4.13E+14
内饰与表面处理										
屋顶顶棚	吊顶龙骨2×10, 24" OC	8.80E+11	80	1713.2	1.51E+15	1.88E+13	1713.2	1.88E+13	1713.2	1.88E+13
	石膏板5/8"	3.68E+12	40	2253.1	8.29E+14	2.07E+14	2253.1	2.07E+14	2253.1	2.07E+14
	丙烯涂料	1.50E+13	10	49.6	7.43E+14	7.43E+13	49.6	7.43E+13	49.6	7.43E+13
楼面顶棚	吊顶龙骨2×10, 24" OC	8.80E+11	80	1536.7	1.35E+15	1.69E+13	1536.7	1.69E+13	1536.7	1.69E+13
	石膏板5/8"	3.68E+12	40	2021.0	7.44E+14	1.86E+14	2021.0	1.86E+14	2021.0	1.86E+14
	丙烯涂料	1.50E+13	10	44.4	6.67E+14	6.67E+13	44.4	6.67E+13	44.4	6.67E+13
地板	实木地板7/8"	2.40E+12	40	3230.3	7.75E+15	1.94E+14	3230.3	1.94E+14	3230.3	1.94E+14
	楼面桁架24" OC	8.80E+13	80	1536.7	1.35E+15	1.69E+13	1536.7	1.69E+13	1536.7	1.69E+13

类别	材料	单位能值	寿命(年)	数量	能值	能值	数量	能值	数量	能值
底层	实木地板7/8"	2.40.E+12	40	3413.1	8.19E+15	2.05E+14	3413.1	2.05E+14	3413.1	2.05E+14
	2x6木龙骨	8.80.E+11	80	22.4	1.97E+13	2.46E+11	22.4	2.46E+11	22.4	2.46E+11
室内楼梯	实木地板7/8"	2.40.E+12	40	81.2	1.95E+14	4.87E+12	81.2	4.87E+12	81.2	4.87E+12
	丙烯漆料	1.50.E+13	10	1.1	1.68E+13	1.68E+12	1.1	1.68E+12	1.1	1.68E+12
	2x4、16" OC	8.80.E+11	80	4165.5	3.67E+15	4.58E+13	4165.5	4.58E+13	4165.5	4.58E+13
	1/2" 石膏板	1.68.E+13	40	10739.8	1.80E+17	4.51E+15	10739.8	4.51E+15	10739.8	4.51E+15
	丙烯漆料	1.50.E+13	10	269.3	4.04E+15	4.04E+14	269.3	4.04E+14	269.3	4.04E+14
内饰总计			38	3.11E+04	2.26E+17	5.95E+15	3.11E+04	5.95E+15	3.11E+04	5.95E+15
家具、固定装置、设备										
设备	北极牌洗衣机	4.55.E+12	25	99.8	4.54E+14	1.82E+13	99.8	1.82E+13	99.8	1.82E+13
	北极牌烘干机	4.97.E+12	25	58.5	2.91E+14	1.16E+13	58.5	1.16E+13	58.5	1.16E+13
	北极牌洗碗机	4.97.E+12	25	35.8	1.78E+14	7.12E+12	35.8	7.12E+12	35.8	7.12E+12
	电动墙肉炉	4.97.E+12	25	63.5	3.16E+14	1.26E+13	63.5	1.26E+13	63.5	1.26E+13
	燃气炉灶面	4.97.E+12	25	17.7	8.80E+13	3.52E+12	17.7	3.52E+12	17.7	3.52E+12
	电冰箱 LG LRFC21755	4.97.E+12	25	126.1	6.27E+14	2.51E+13	126.1	2.51E+13	126.1	2.51E+13
	微波炉	4.97.E+12	25	13.6	6.76E+13	2.70E+12	13.6	2.70E+12	13.6	2.70E+12
	电脑	7.48.E+13	5	9.1	6.81E+14	1.36E+14	9.1	1.36E+14	9.1	1.36E+14
固定装置	橱柜	1.35.E+12	40	428.4	5.78E+14	1.45E+13	428.4	1.45E+13	428.4	1.45E+13
房屋用料	木材	2.40.E+12	25	4558.7	1.09E+16	4.38E+14	4558.7	4.38E+14	4558.7	4.38E+14
	钢	6.97.E+12	25	1098.6	7.66E+15	3.06E+14	1098.6	3.06E+14	1098.6	3.06E+14
	塑料	5.84.E+12	25	620.7	3.63E+15	1.45E+14	620.7	1.45E+14	620.7	1.45E+14
	纸	3.69.E+12	25	3191.0	1.18E+16	4.71E+14	3191.0	4.71E+14	3191.0	4.71E+14
	织物	5.85.E+12	25	377.8	2.21E+15	8.84E+13	377.8	8.84E+13	377.8	8.84E+13
	陶瓷	3.06.E+12	25	127.0	3.89E+14	1.55E+13	127.0	1.55E+13	127.0	1.55E+13
	铝	2.13.E+12	25	237.3	5.06E+14	2.02E+13	237.3	2.02E+13	237.3	2.02E+13
家具、固定装置、设备总计			24	1.11E+04	4.04E+16	1.72E+15	1.11E+04	1.72E+15	1.11E+04	1.72E+15
整个结构				5.35E+05	6.83E+17	1.38E+16	5.37E+05	1.39E+16	5.40E+05	1.41E+16

能值合成汇总表

表B-2

项目	原始版埃利斯之家				改进版埃利斯之家				零能耗被动房版埃利斯之家			
	数据（单位/年）	单位	UEV（sej/单位）	太阳能能值（E12sej/yr）	数据（单位/年）	单位	UEV（sej/单位）	太阳能能值（E12sej/yr）	数据（单位/年）	单位	UEV（sej/单位）	太阳能能值（E12sej/yr）
太阳光	6.70E+12	J	1	7	6.70E+12	J	1	7	6.70E+12	J	1	7
雨水（化学势）	2.55E+09	J	3.02E+04	77	2.55E+09	J	3.02E+04	77	2.55E+09	J	3.02E+04	77
雨水（重力势）	3.66E+06	J	4.70E+04	0.17	3.66E+06	J	4.70E+04	0.17	3.66E+06	J	4.70E+04	0.17
风力（动能）	3.30E+10	J	9.83E+02	32	3.30E+10	J	9.83E+02	32	3.30E+10	J	9.83E+02	32
小计				116				116				116
购买投资（F）												
折旧资产 建筑物施工	6.83E+17	sej	（yrs） n/a	13804	6.90E+17	sej	（yrs） n/a	13992	7.01E+17	sej	（yrs） n/a	14117
私家车	1.46E+16	sej	14	1045	1.46E+16	sej	14	1045	0.00E+00	sej	14	0
小计				14850				14967				14117
物料服务												
水	5.57E+05	L	1.22E+09	680	1.53E+05	L	1.22E+09	187	1.53E+05	L	1.22E+09	187
废水	3.83E+05	L	3.54E+09	1356	1.05E+05	L	3.54E+09	373	1.05E+05	L	3.54E+09	373
食物	1.53E+10	J	7.50E+05	11462	1.53E+10	J	7.50E+05	11462	1.53E+10	J	1.60E+05	2445
非持久物资	1.78E+04	$	2.50E+12	44429	1.78E+04	$	2.50E+12	44429	8.89E+03	$	2.50E+12	22214
固体废弃物	2.93E+03	kg	2.97E+11	871	1.47E+03	kg	2.97E+11	436	1.47E+03	kg	2.97E+11	436
肥料，P	3.92E+03	g	3.70E+10	145	0.00E+00	g	3.70E+10	0	0.00E+00	g	3.70E+10	0
肥料，N	1.16E+04	g	4.05E+10	470	0.00E+00	g	4.05E+10	0	0.00E+00	g	4.05E+10	0
小计				59413				56886				25655

集中能量-设施	原始值	单位	转换率	单位	能值	原始值	单位	转换率	单位	能值	原始值	单位	转换率	单位	能值
天然气	1.28E+11	J	1.78E+05	J	22855	4.97E+10	J	1.78E+05	J	8855	0.00E+00	J	1.78E+05	J	0
电力	6.81E+10	J	3.97E+05	J	27045	2.64E+10	J	3.97E+05	J	10479	5.65E+10	J	1.45E+05	J	8193
太阳热能											1.25E+10	J	3.62E+04	J	451
小计					49900					19334					8193
所在地（年物业费）	9.00E+03	$	2.50E+12	$	22500	9.00E+03	$	2.50E+12	$	22500	9.00E+03	$	2.50E+12	$	22500
私家车通勤（燃油）	6.16E+10	J	1.87E+05	J	11515	3.08E+10	J	1.87E+05	J	5758	0.00E+00	J	1.87E+05	J	0
火车通勤（电力）	0.00E+00	J	3.97E+05	J	0	3.44E+09	J	3.97E+05	J	1364.6061	7.33E+09	J	3.97E+05	J	2908
小计					34015					29622					25408
劳动力															
房主劳动力	8.57E+07	J	3.92E+07	J	3362	1.12E+08	J	3.92E+07	J	4403	1.12E+08	J	3.92E+07	J	4403
小计					3362					4403					4403
购买投资小计F					161540					125212					77776
总能值, U					161656					125329					77892

输入	原始值	单位	转换率	单位	能值	原始值	单位	转换率	单位	能值	原始值	单位	转换率	单位	能值
家庭收入	1.18E+05	$	2.50E+12	$	293990	1.18E+05	$	2.50E+12	$	293990	1.18E+05	$	2.50E+12	$	293990
输入小计					293990					293990					293990
输出															
联邦税	3.29E+04	$	2.50E+12	$	82317	3.29E+04	$	2.50E+12	$	82317	3.29E+04	$	2.50E+12	$	82317
州税	3.65E+03	$	2.50E+12	$	9114	3.65E+03	$	2.50E+12	$	9114	3.65E+03	$	2.50E+12	$	9114
输出小计					91431					91431					91431
净收入	输入-输出				202559	输入-输出				202559	输入-输出				202559

场地、遮蔽物和场景能值值合成汇总表

表B-3

项目	原始版埃利斯之家 数据（单位/yr）	单位	UEV（sej/单位）	太阳能能值（E12sej/yr）	改进版埃利斯之家 数据（单位/yr）	单位	UEV（sej/单位）	太阳能能值（E12sej/yr）	零能耗被动版埃利斯之家 数据（单位/yr）	单位	UEV（sej/单位）	太阳能能值（E12sej/yr）
场地												
可再生输入												
太阳光	6.70E+12	J	1	7	6.70E+12	J	1	7	6.70E+12	J	1	7
雨水（化学势）	2.55E+09	J	3.02E+04	77	2.55E+09	J	3.02E+04	77	2.55E+09	J	3.02E+04	77
雨水（重力势）	3.66E+06	J	4.70E+04	0.17	3.66E+06	J	4.70E+04	0.17	3.66E+06	J	4.70E+04	0.17
风力（动能）	3.30E+10	J	9.83E+02	32	3.30E+10	J	9.83E+02	32	3.30E+10	J	9.83E+02	32
小计				116				116				116
景观												
现场作业（折旧后）	5.98E+03	kg	1.77E+11	1060	5.98E+03	kg	1.77E+11	1060	5.98E+03	kg	1.77E+11	1060
户外用水	1.74E+05	L	1.22E+09	212	4.79E+04	L	1.22E+09	58	4.79E+04	L	1.22E+09	58
肥料，P	3.92E+03	g	3.70E+10	145	0.00E+00	g	3.70E+10	0	0.00E+00	g	3.70E+10	0
肥料，N	1.16E+04	g	4.05E+10	470	0.00E+00	g	4.05E+10	0	0.00E+00	g	4.05E+10	0
房主劳动力	8.57E+07	J	3.92E+07	3362	8.57E+07	J	3.92E+07	3362	8.57E+07	J	3.92E+07	3362
小计				5250				4481				4481
所在地与运输												
所在地（物业税）	9.00E+03	$	2.50E+12	22500	9.00E+03	$	2.50E+12	22500	9.00E+03	$	2.50E+12	22500
私家车通勤（燃油）	6.16E+10	J	1.87E+05	11515	3.08E+10	J	1.87E+05	5758	0.00E+00	J	1.87E+05	0
火车通勤（电力）	0.00E+00	J	4.81E+05	0	3.44E+09	J	3.97E+05	1365	7.33E+09	J	3.97E+05	2908
私家车（折旧后）	1.45E+16	sej	14	1045	1.45E+16	sej	14	1045	0.00E+00	sej	14	0
小计				35060				30667				25408
场地 小计				40427				35265				30006
遮蔽物												
建筑物施工、遮蔽物			寿命（yrs）				寿命（yrs）				寿命（yrs）	
结构（折旧后）	7.47E+16	sej	80	933	7.47E+16	sej	80	933	7.47E+16	sej	80	933
外围护（折旧后）	2.60E+17	sej	70	3730	2.67E+17	sej	69	3848	2.77E+17	sej	69	4042
系统（按比例折旧后）	1.26E+17	sej	61	206	1.26E+17	sej	61	206	1.26E+17	sej	61	206
房主劳动力	0.00E+00		3.92E+07	0	2.65E+07		3.92E+07	1041	2.65E+07		3.92E+07	1041
小计				4870				6028				6222
建筑物空调设施			寿命（yrs）				寿命（yrs）				寿命（yrs）	
取暖	9.12E+10	J	1.78E+05	16228	3.53E+10	J	1.78E+05	6288	2.94E+10	J	1.45E+05	4265
制冷	1.88E+10	J	3.97E+05	7465	7.29E+09	J	3.97E+05	2892	6.07E+09	J	1.45E+05	880
通风	0.00E+00	J	3.97E+05	0	0.00E+00	J	3.97E+05	0	1.26E+09	J	1.45E+05	183
照明	1.20E+10	J	3.97E+05	4676	4.65E+09	J	3.97E+05	1847	4.47E+09	J	1.45E+05	648

224

下表为应急（emergy）分析汇总表，按场景／遮蔽物分列，每组包含原始数据、单位、寿命（yrs）及能值结果三组数据块。

项目	数据(1)	单位	寿命(yrs)	能值(1)	数据(2)	单位	寿命(yrs)	能值(2)	数据(3)	单位	寿命(yrs)	能值(3)
小计												5976
遮蔽物 小计				28460				11027				12198
场景				33330				17055				
建筑物施工，场景												
内饰和修饰（折旧后）	2.26E+17	sej	38	5953	2.26E+17	sej	38	5953	2.26E+17	sej	38	5953
家具，固定装置，设备（折旧后）	4.04E+16	sej	24	1716	4.04E+16	sej	24	1716	4.04E+16	sej	24	1716
系统（按比例折旧后）	1.26E+16	sej	61	206	1.26E+16	sej	61	206	1.26E+16	sej	61	206
小计				7874				7874				7874
厨房，物资服务												
水	4.22E+04	L	1.22E+09	51	1.16E+04	L	1.22E+09	14	1.16E+04	L	1.22E+09	14
废水	4.22E+04	L	3.54E+09	149	1.16E+04	L	3.54E+09	41	1.16E+04	L	3.54E+09	41
水—加热	3.69E+09	L	1.78E+05	656	1.43E+09	L	1.78E+05	254	1.37E+09	L	3.62E+04	50
食物	1.53E+10	J	7.50E+05	11462	1.53E+10	J	7.50E+05	11462	1.53E+10	J	1.60E+05	2445
食物—冷藏	7.93E+09	J	3.97E+05	3146	3.07E+09	J	3.97E+05	1219	2.95E+09	J	1.45E+05	428
食物—烹饪，燃气	3.74E+09	J	1.78E+05	665	1.45E+09	J	1.78E+05	258	0.00E+00	J	1.78E+05	0
食物—烹饪，电力	3.74E+09	J	3.97E+05	1484	1.45E+09	J	3.97E+05	575	2.78E+09	J	1.45E+05	404
固体废弃物	1.47E+03	kg	2.97E+11	436	7.33E+02	kg	2.97E+11	218	7.33E+02	kg	2.97E+11	218
小计				18050				14041				3599
浴室，物资服务												
水	2.42E+05	L	1.22E+09	295	6.65E+04	L	1.22E+09	81	6.65E+04	L	1.22E+09	81
废水	2.42E+05	L	3.54E+09	856	6.65E+04	L	3.54E+09	235	6.65E+04	L	3.54E+09	235
水—加热	2.12E+10	J	1.78E+05	3765	2.58E+09	J	1.78E+05	1459	7.88E+09	J	3.62E+04	285
小计				4917				1775				602
洗衣房，物资服务												
水	9.89E+04	L	1.22E+09	121	2.72E+04	L	1.22E+09	33	2.72E+04	L	1.22E+09	33
废水	9.89E+04	L	3.54E+09	350	2.72E+04	L	3.54E+09	96	2.72E+04	L	3.54E+09	96
水—加热	8.65E+09	J	1.78E+05	1540	3.35E+09	J	1.78E+05	597	3.32E+09	J	3.62E+04	117
电力—湿法净化	6.65E+09	J	3.97E+05	2638	2.58E+09	J	3.97E+05	1022	2.47E-0	J	1.45E+05	359
小计				4649				1748				605
工作和娱乐，物资服务												
非持久物资	1.78E+04	$	2.50E+12	44429	1.78E+04	$	2.50E+12	44429	8.89E+03	$	2.50E+12	22214
固体废弃物	1.47E+03	kg	2.97E+11	436	7.33E+02	kg	2.97E+11	218	7.33E+02	kg	2.97E+11	218
电力—电子产品	1.90E+10	J	3.97E+05	7546	7.37E+09	J	3.97E+05	2924	7.08E+09	J	1.45E+05	1026
小计				52410				47570				23459
场景 小计				87900				73009				36140
总能值				161656	总能值			125329	总能值			78344

能值合成输入、来源及数据

1. 太阳光

方程式

年能量=（年平均总日射量）×（场地面积）

年能量（J/yr）=（Wh/yr/m²）×（3600J/Wh）×（m²）

定义

年平均总日射量（Wh/yr/m²）：用户输入、获取的TMY3气象资料。用来确定结构的具体位置，在埃利斯之家示例中为5.29E+9J/m²/yr。

场地面积（m²）：住宅面积，以m²计（见附录B.19）。

能值转换率[①]

1 焦耳=1sej

（1焦耳太阳光等于1焦耳太阳能）

2. 雨水（化学物）

方程式

雨水中化学物质潜能=（年降雨率）×（场地面积）×（水的吉布斯自由能）×（径流系数）

[①] 数据来源：GHI（总水平辐射）–TMY3数据集，NREL 2005

雨水中化学物质潜能（J/yr）=（m/yr）×（m^2）×（10^{6}g/m^3）×（4.72J/g）×（1–径流系数）

定义

年降雨率（m/yr）：用户输入数据、获取的TMY3气象资料，用于确定结构的具体位置，在埃利斯之家示例中为1.0667 m/yr。

场地面积（m^2）：住宅面积，以m^{2}计（见附录B.19）。

水的吉布斯自由能（J/g）：可以做有用功的水相关化学能，以J/g计量，按照以下方程式计算得出为4.72J/g：

（8.314J/mol/K次）×（287K）×（18g/mol）×ln（999990ppm/965000ppm）

径流系数（%）：用户输入数据；流出场地的降雨量百分比

能值转换率[①]
1 J=3.02E+4sej

3. 雨水（重力势）

方程式

雨水重力势能=（年降雨率）×（足迹）×（径流流量）×（水流密度）×（平均海拔）×（重力）

雨水重力势能（J/yr）=（m/年）×（m^2）×（%）×（1000kg/m^3）×（m）×（9.8 m/s^2）

———————————

① 数据来源：雨水吉布斯自由能公式，Lu et al，2007

定义

年降雨率（m/yr）：用户输入、获取的TMY3气象资料，用于确定结构具体位置，在埃利斯之家示例中为1.0668m/yr。

足迹（m²）：屋顶面积，以m²计。

径流流量（%）：用户输入数据；流出屋顶的降雨量百分比，通常不设雨水存储设施的屋顶为1000%。

水流密度（1000kg/m³）：常数，每m²水的重量，以kg计。

平均海拔（m）：用户输入数据；屋顶水槽的平均高度，埃利斯之家示例中为2m。

重力（9.8 m/s）：常数，其表面附近地球引力产生的加速度。

能值转换率[1]

1J=4.70.E+4sej

4. 风力（动能）

方程式

风力动能=（场地面积）×（大气密度）×（地转风速）³×（秒每年）

风力动能（J/yr）=（m²）×（1.25 kg/m³）×（阻力系数）×（m/s）³×（31,700,000 s/yr）

---

[1] 数据来源：Odum，2000，Folio #1

定义

场地面积（m^2）：住宅面积，以m^2计（见附录B，19）。

大气密度（1.25kg/m^3）：常数，大部分海拔值下不变，海拔更高时须发生变化。

阻力系数：无单位常数，取决于场地上会妨碍风流动的植被及建筑物，这一数值由各个具体场地使用者根据现存条件确定。在埃利斯之家示例中为1.87E-3，开放水域为1.00E-3（Garrat，1977）。

地转风速（m/s）：用户输入数据；没有阻力或其他现实条件干扰的大气条件下的平均理论风速。

秒每年（31700000 s/yr）：换算成年值的常数。

能值转换率[①]

1 J=9.83E+2 sej

5. 建筑物建造（折旧后）

方程式

建筑物年折旧量=（材料重量）×（UEV）/（使用寿命）

建筑物年折旧量（sej/yr）=（kg）×（sej/kg）/（yrs）

结构中每种材料都使用这一方程式，将每种材料得出的折旧量相加，得出整栋建筑物的sej/yrs值，这一计算方法完全取决于建筑物建造工作表，如本附录中表B-1所示，输入工作表上会自动更新。

[①] 数据来源：风力动能公式，风力动能的能值转换率，Odum，2000，Folio#1

定义

材料重量（kg）：根据用户输入的建筑物建造相关数值计算得出。

有效期（yrs）：根据用户输入的建筑物建造相关数值计算得出。

能值转换率[1]

1J=X sej

（不存在单一能值转换率值，相反地，这一公式适用于计算每种材料的能值转换率，每种材料均有其各自的计算所得重量及参考UEV。）

6. 私家车（折旧后）

方程式

私家车年折旧量=（每辆私家车重量）×（UEV）/（使用寿命）

私家车年折旧量（sej/yr）=（kg/car）×（sej/kg）/（yrs）

这一计算方法中假设所有使用私家车都比较相似，重量及能值转换率相同，不需要单独计算任何不同私家车，将所得数值相加后产生所有私家车的总sej/yr。

定义

每辆私家车重量（kg）：用户输入数据，表示私家车重量，以kg计。用户需要查询住宅上所用私家车的型号及制造信息，或者也可以使用统计数据库中的平均值进行理论模拟。埃利斯之家中私家车重量为1316kg。

UEV（sej/kg）：整合私家车制造所用每种主要材料（钢、铝、塑料、橡

---

[1] 数据来源：详见表B-1

胶和玻璃）的UEV平均值计算该数值，该数值为每种私家车材料所占百分比的加权平均数，如表B-4中所述。

使用寿命（yrs）：表示私家车预期行驶年数，用户输入数据。

能值转换率[1]

1 J=X sej

（不存在某一能值转换率数值；相反地，在主要私家车材料的能值转换率基础上，通过该公式计算每一私家车类型的能值转换率，根据记录私家车比重加权平均计算而得。房屋内容工作表使用该计算方式，详见表B-4）

私家车材料、重量及sej			表B-4
		sej/kg	%×sej/kg
钢	62.10%	4.13E+12	2.56E+12
铝	11.50%	1.25E+13	1.44E+12
塑料	15.50%	5.85E+12	9.07E+11
橡胶	9.60%	4.3E+12	4.13E+11
玻璃	2.30%	2.16E+12	4.97E+10
		总sej/kg	5.73E+12

7. 水

水投入值本身很简单，但是分解值被用于获得许多决定，据此衍生出大量不同数值确定与整个结构能值相关的结构部分或目的。

使用分解数值时，在很大程度上取决于简表数据，从三个埃利斯之家版本可以发现详细信息。

---

[1] 数据来源：私家车所占比重，材料消费者报告，2014，详见表B-4

方程式

年用水量=（人数）×（天每年）×（每人每天用水公升数）

年用水量（L/yr）=（#人）*（365天/yr）×（L/d·人）

定义

#人（#）：用户输入数据，使用该建筑物的人数，在埃利斯之家示例中假设使用人数为4人。

d/yr（#）：常数。

L/d·人（L/d）：用户输入数据，表示建筑物中每人每天的用水量。美国住宅区可以使用381.6L/d，该数据来源于美国EPA居民用水调查，但其他地区或结构的L/d·人用水量应根据具体情况确定。

能值转换率[①]

1J=1.22E+9 sej

（该数值根据不同地区水源会有所变化。）

8. 废水

方程式

废水量=（年用水量）×（室内用水百分比）

废水量（L/yr）=（L/yr）×（%）

---

① 数据来源：年用水量，AWWARF，1999；饮用水的能值转换率，Buenfil，2000

定义

年用水量（L/yr）：根据水投入值工作表计算，如附录B，7所示。该数值可以自动更新。

室内用水%（L/yr）：大部分情况下可以参照美国室内用水百分比68.7%，其他地区或结构类型需要用户根据具体情况确定。

能值转换率[①]

1 J=3.54E+9 sej

（该数值随废水处理方式会有所变化。）

9. 食物

方程式

食物消耗量=（人数）×（每人每天消耗的卡路里数）×（天每年）×（每卡路里产生的能量）

食物消耗量（J）=（#人）×（2500 Cal/d/人）×（365d/yr）×（4178 J/cal）

定义0000

#人（#）：用户输入数据，在结构中进食的人数，在埃利斯之家示例中为4人。

卡路里/每天每人（Cal）：用户输入数据，结构中每人每天摄入的平均卡路里数，美国居民为2500 cal。

[①] 数据来源：使用后会变成废水的使用水占比，美国EPA居民用水调查，1999；废水的能值转换率，Bjorklund，2001

天每年（365d/yr）：常数。

每卡路里产生的能量（4187 J/Cal）：常数。

能值转换率[1]

1 J=7.50E+5 sej

10. 物资

方程式

年消耗量=（0.96×家庭收入）×（购买非耐用品的收入占比）

年消耗量（＄）=(0.96×$)×(%)

定义

家庭收入（＄）：有用户输入至该工作表的不同部分，以便参考，详见章节8.17。

购买非耐用品的收入占比（%）：用户输入数据，该数值表示实际或估计用于购买非耐用家居用品的收入占比，包括食物、饮料等，在这里该数值低于8.9。根据美国劳工统计局统计，通常，一个美国家庭中该数值为15.74%。然而，要反映出某一具体住宅相关信息，还需对这一数据进行更新。

能值转换率[2]

1$=2.50E+12 sej

---

[1] 数据来源：食物的能值转换率，Emergydatabase.com，Johansson et al，2000

[2] 数据来源：用于购买非耐用品的收入平均占比，美国劳工统计局，2013；货币能值转化率，NEAD，2012

（该数值为典型资产能值转换率。）

11. 固体废弃物

方程式

固体废弃物=（人数）×（每人每年产生的废弃物）

固体废弃物（kg）=（#人）×（kg/人/yr）

定义

人数（#）：用户输入数据，住宅中产生废弃物的人数。埃利斯之家示例中假设产生固体废弃物的人数为4人。

每人每年产生的废弃物（kg/人/yr）：用户输入数据，估计住宅使用人每人每年产生的废弃物。

厨房废弃物占比（%）：用户输入数据，表示与住宅其他部分相比，厨房产生的固体废弃物占比。虽然以上公式中没有出现这一变量，但是在分级汇总表中却用该变量区分不同家庭智能的能值。

能值转换率[①]

1 kg=2.97E+11 sej

12. 设施

表面上设施使用及结构相关合成能量很简单，但是在分析结构组件及目

[①] 数据来源：固体废弃物的能值转换率，Brown，2001

的以及如何区分能量分析摘要页面时，又会有细微差别。

对比汇总表发现天然气、电力及太阳热能总量分布在该住宅的每一个版本中。

方程式
无

定义

天然气年消耗量（J）：该数值基于终端使用调查。

电年消耗量（J）：该数值基于终端使用调查。

加热用油年消耗量（J）：该数值基于终端使用调查。

太阳热能年消耗量（J）：该数值基于终端使用调查。

转化率[①]

1 J天然气=1.78E+5 sej

1 J电=3.97E+5 sej

1 J加热用油=1.81E+5 sej

1 J太阳热能=3.63E+4 sej

1 J光伏发电=1.45E+5 sej

---

① 数据来源：天然气和加热用油的能值转换率，Brown et al，2011；太阳热能的能值转换率，Paoli，2008；光伏发电的能值转换率，Brown et al，2012；电能值转换率，EIA 2010 年度能源报告，列出电力能源分解的比和这些数据来源中电力的能值转换率，如表B-5所示。

2010 EEA年度能源报告中电能值转换率　　　　表B-5

来源	混合 %	sej/J	（%）×（sej/J）	数据来源
煤炭	47.72	3.73E+05	1.77E+05	Brown, 2012
天然气	19.40	6.58E+05	1.28E+05	Hayha, 2011; Brown, 2012
石油	0.95	5.69E+05	5.41E+03	Brown, 2012
核能	20.83	3.36E+05	7.00E+04	Odum, 1996; Hayha, 2011
水力	6.27	1.12E+05	7.02E+03	Brown, 2004; Hayha, 2011
风力	2.28	1.10E+05	2.51E+03	Brown, 2004; Hayha, 2011
木材	0.86	1.91E+05	1.64E+03	Odum, 1996
地热	0.37	1.47E+05	5.44E+02	Brown, 2002
生物质	0.69	4.86E+05	3.36E+03	Odum, 1996
太阳能光伏	0.03	1.45E+05	4.35E+01	Brown, 2012
其他	0.90	1.90E+05	1.71E+03	
加权平均			3.97E+05	sej/J

13. 房主劳动力

方程式

场地劳动力=（居住者每年的工作小时数）×（每天消耗的卡路里数）×（每卡路里产生的能量）/（每个工作日的工作小时数）

场地劳动力（J）=（hr/yr）×（2500 Cal/d）×（4186 J/Cal）/（8 hr/d）

庇护所劳动力=（居住者每年的工作小时数）×（每天消耗的卡路里数）×（每卡路里产生的能量）/（每个工作日的工作小时数）

庇护所劳动力（J）=（hr/yr）×（2500 Cal/d）×（4186 J/Cal）/（8 hr/d）

定义

居住者每年的工作小时数（hr/yr）：用户输入数据，该数值表示场地或庇护所住宅内居住者每年工作的小时数。假设三个版本的房主的场地劳动时间为65.5h，原始版本庇护所劳动时间为0h，但改进版和零能耗被动房版的遮蔽物劳动时间为20.3h。

每天消耗的卡路里数（Cal/d）：常数，表示在美国一个人每天平均摄入的卡路里数，非美国人口的其他地区或文化中，需要对这一数值进行修改。

每卡路里产生的能量（J/Cal）：常数。

每个工作日的工作小时数（小时/d）：常数，非美国人口的其他地区或文化中，需要对这一数值进行修改。

能值转化率[①]

1 J=3.92E+7 sej

根据以下方程式算得：

［每个成年人的收入×sej/$）+（食物sej］/（食物所含能量）

14. 所在地

方程式

无

定义

年度物业税（$）：用户输入数据，每年征收的物业税。

[①] 数据来源：劳动力的能值转换率，Brandt–Williams，2002

转化率①

1\$=2.50E+12 sej

15. 通勤

方程式

私家车通勤=［（通勤人数）×（通勤距离）×（每年通勤天数）/（每加仑行使英里）］（每加仑英热单位）×（每英热单位产生的能量）

通勤车辆（J）=［（#通勤人）×（mi/d）×（d/yr）/（mi/gal）］×（11400 Btu/gal）×（1055 J/Btu）

火车通勤=（通勤人数）×（通勤距离）×（每年通勤天数）×（每英里用电千瓦时）×（每千瓦时电产生的能量）

火车通勤（J）=（#通勤人数）×（mi/d）×（d/yr）×（0.1447kWh/mi）×（3600000 J/kWh）

如果多人乘坐私家车或火车通勤，只有通勤距离、天数/yr及燃料效率相近时，才应用一个方程式统一计算。但是，如果同一住宅中有两个人，其中一人每天通勤30mi，每年通勤200天，而另一个人每天通勤10mi，每年通勤240天，这样每个通勤者应单独根据公式计算，然后将计算结果相加。

定义

通勤人数（#）：用户输入数据，定期从住宅乘坐私家车或火车或同时乘坐私家车和火车的通勤人数，输入每种通勤类型的适用值。原始版埃利斯之家中私家车通勤人数为两人，改进版私家车通勤人数为一人，火车通勤人数

―――――――――

① 数据来源：货币的能值转化率，NEAD，2012

一人；零能耗被动房版火车通勤人数两人。

通勤距离（mi/d）：用户输入数据，通勤人每天乘坐私家车或火车的往返通勤距离；埃利斯之家的通勤距离为32mi。

每年通勤天数（d/yr）：用户输入数据，该天数指的是每年的通勤天数；埃利斯之家三个版本中，假设通勤天数均为220d/yr。

每加仑行使英里（mi/gal）：用户输入数据，指的是通勤车辆的燃油经济性能。如果已知某车辆具体地MPG，应使用已知数值，否则该数值默认为27.5。

每加仑英热单位（Btu/gal）：常数。

每英热单位产生的能量（J/Btu）：常数。

每英里用电千瓦时（1kWh/mi）：基于地区铁路轨道效率的常数。

如果已知评估住宅所在地的具体值，应使用该具体值。

每千瓦时电产生的能量（J/kWh）：常数

能值转换率[①]

1 J汽油=1.87E+5sej

1 J电量=3.97E+5sej

16. 肥料

方程式

磷酸盐=（每平方米用磷酸盐克数）×（场地面积–足迹）

磷酸盐（g）=（g/m²，P）×（支柱面积m²–结构面积m²）

---

① 数据来源：电力的能值转换率详见表B-5；汽油的能值转换率，Brown et al, 2011

氮=（每平方米用氮克数）×（场地面积–足迹）

氮（g）=（g/m^2，N）×（支柱面积m^2–结构面积m^2）

定义

每平方米使用克数（g/m^2）：用户输入数据，指的是室外每平方米活性成分（磷酸盐或氮）的用量。确定活性成分的克数很重要，而不需要计算使用肥料的总重量。埃利斯之家原始版本中磷酸盐和氮的用量都是3.59g/m^2，改进版本和零能耗被动房版本中使用堆肥技术，使该数值下降至0g/m^2。

场地面积（m^2）：用户输入数据，详见附录B，19。

足迹（m^2）：用户输入数据，详见附录B，19。

能值转换率[①]

1 g磷酸盐=3.7E+10 sej

1 g氮=4.05E+10 sej

17. 家庭年收入

方程式

无

定义

家庭收入（$）：用户输入数据，住宅内居住者的年收入。三个埃利斯之家版本中家庭收入采用当地收入中位值，$118000。

_____

[①] 数据来源：磷酸盐和氮的能值转换率，Odum，2000，Folio #1

241

能值转换率[①]

$1=2.50E+12 sej

18. 年度所得税

方程式

联邦税=家庭收入×联邦税率

联邦税（$）=（$）×（%）

州税：家庭收入×州税率

州税（$）=（$）×（%）

定义

家庭收入（$）：家庭成员收入。参考附录B，17。

联邦税率（%）：联邦政府征收的综合所得税率，埃利斯之家三个版本中都假设联邦税率为28%。

州税率（%）：州政府征收的综合所得税率，埃利斯之家三个版本中都假设州税率为3%。

能值转换率[②]

$1=2.50E+12 sej

---

19. 尺寸

场地面积（m²）：住宅总面积。

占地面积（m²）：任何结构的总内部面积，包括多楼层结构。

足迹（m²）：某一结构覆盖的总住宅面积。

参考文献

AWWARF, American Water Works Associations Research Foundation. 1999. *Residential End Uses of Water.* Denver, CO: AWWARF.

Bjorklund, Johanna, Ulrika Geber, and Torbjorn Rydberg. 2001. "Emergy analysis of municipal wastewater treatment and generation of electricity by digestion of sewage sludge." *Resources Conservation & Recycling* 31: 293–316.

Brandt-Williams, Sherry L. 2002. *Handbook of Emergy Evaluation, Folio #4, Emergy of Florida Agriculture.* Gainesville, FL: Center for Environmental Policy, University of Florida.

Brown, Mark T., and Vorasun Buranakarn. 2001. "Emergy evaluation of material cycles and recycle options." *EMERGY SYNTHESIS 1: Theory and Applications of the Emergy Methodology*, Gainesville, FL: University of Florida.

Brown, Mark T., Gaetano Protano, and Sergio Ulgiati. 2011. "Assessing geobiosphere work of generating global reserves of coal, crude oil, and natural gas." *Ecological Modelling* 222:879–887.

Brown, Mark T., Marco Raugei, and Sergio Ulgiati. 2012. "On boundaries and 'investments' in Emergy Synthesis and LCA: A case study on thermal vs. photovoltaic electricity." *Ecological Indicators* 15:227–235.

Brown, Mark T, and Sherry L. Brandt-Williams. 2001. *Handbook of Emergy Evaluation, Folio #3, Emergy of Ecosystems.* Gainesville, FL: Center for Environmental Policy, University of Florida.

Bureau of Labor Statistics. 2013. *Consumer Expenditures in 2012.* In *BLS Reports.* Washington, DC: U. S. Bureau of Labor Statistics.

Consumer Reports. 2014. *Cars.* www.consumerreports.org (accessed July, 2014).

Garrat, J.R. 1977. "Review of drag coefficients over oceans and continents." *Monthly Weather Review* 105:915–929.

Johansson, Susanne, Steven Doherty, and Torbjorn Rydberg. 2000. "Sweden

Food System Analysis." *EMERGY SYNTHESIS 1: Theory and Applications of the Emergy Methodology*, Gainesville, FL: University of Florida.

Lu, Hongfang, Daniel E. Campbell, Jie Chen, Pei Qin, and Hai Ren. 2007. "Conservation and Economic Vitality of Nature Reserves: An Emergy Evaluation of the Yancheng Biosphere Reserve." *Biological Conservation* 139:415–438.

NEAD, National Environmental Accounting Database. 2012. Gainesville, FL: Center for Environmental Policy, University of Florida. www.cep.ees.ufl.edu/nead/.

NREL, National Renewable Energy Laboratory. 2005. *National Solar Radiation Data Base, 1991–2005 Update: Typical Meteorological Year 3*. rredc.nrel.gov/tmy3/.

Odum, H. T., Mark T. Brown, and Sherry L. Brandt-Williams. 2000. *Handbook of Emergy Evaluation, Folio #1, Introduction and Global Budget*. Gainesville, FL: Center for Environmental Policy, University of Florida.

Paoli, Chiara, and Paolo Vassallo. 2008. "Solar power: an approach to transformity evaluation." *Ecological Engineering* 34:191–206.

U.S. Census Bureau. *Median Income, 2010*. Prepared by Social Explorer (accessed July 27 2014).

Buenfil, Andres. 2001. "Emergy Evaluation of Water." PhD Dissertation. Environmental Engineering Sciences, University of Florida.